U0221455

我与岩土工程

龚晓南　著

ZHEJIANG UNIVERSITY PRESS
浙江大学出版社
·杭州·

图书在版编目（CIP）数据

我与岩土工程 / 龚晓南著. -- 杭州：浙江大学出
版社，2024. 10. -- ISBN 978-7-308-25448-9

Ⅰ. TU4

中国国家版本馆 CIP 数据核字第 2024WB9070 号

我与岩土工程

龚晓南　著

责任编辑	金佩雯
责任校对	陈　宇
封面设计	程　晨
出版发行	浙江大学出版社
	（杭州市天目山路 148 号　邮政编码 310007）
	（网址：http://www.zjupress.com）
排　　版	杭州星云光电图文制作有限公司
印　　刷	浙江海虹彩色印务有限公司
开　　本	787mm × 1092mm　1/16
印　　张	16
字　　数	246 千
版 印 次	2024 年 10 月第 1 版　2024 年 10 月第 1 次印刷
书　　号	ISBN 978-7-308-25448-9
定　　价	198.00 元

作者简介

龚晓南,浙江大学教授,博士生导师,中国工程院院士。现任浙江大学滨海和城市岩土工程研究中心主任。

1944 年出生于金华汤溪县罗埠区山下龚村,祖辈务农。1949 年入读山下龚初级小学,1953 年考入罗埠区完全小学高级小学部。1955 年小学毕业,考入汤溪初级中学。1958 年初中毕业,考入金华第四中学高中部(因汤溪县并入金华县,汤溪初级中学改称金华第四中学,并开始设立高中部)。因国家执行"调整、巩固、充实、提高"八字方针,金华第四中学高中部于 1961 年初并入金华第一中学,龚晓南被分配到金华第一中学高三(5)班学习,一学期后从金华第一中学毕业。1961 年考入清华大学土木建筑系工业与民用建筑专业学习。1967 年本科毕业,被分配到国防科委 8601 工程处(地处陕西凤县秦岭山区)从事"大三线"建设。1978 年考取浙江大学岩土工程专业硕士研究生,师从著名地基处理专家曾国熙教授。1981 年获岩土工程硕士学位并留校任教。1982 年春,考入浙江大学首届博士研究生班(导师曾国熙教授是我国首批博士生导师)。1984 年 9 月 12 日通过博士论文答辩,获岩土工程博士学位,成为浙江省培养的第一位博士,也是我国培养的第一位岩土工程博士。

经自由申请,1986 年获德国洪堡基金会奖学金,12 月到德国卡尔斯鲁厄大学(Universität Karlsruhe)土力学与岩石力学研究所从事研究工作,合作导师为 Gerd Gudehus 教授。1988 年 4 月回国,同年晋升为教授。1993 年被国务院学位委员会聘为岩土工程博士研究生导师。2011 年当选为中国工程院院士。

龚晓南教授长期从事土力学及岩土工程教学、理论研究和工程实践,主要业绩如下:创建复合地基理论,推动形成复合地基技术工程应用体系;研发系列地基处理新技术,出版系列地基处理著作,1990 年创办学术刊物《地基处理》,引领地基处理技术发展;开展基坑工程系列创新技术研究,主编出版系列基坑工程著作,不断解决基坑工程发展中遇到的技术难题,有力促进我国基坑工程水平的发展;长期潜心岩土工程教育,教育教学成效斐然。至 2024 年 8 月,已培养硕士 104 名,博士 93 名,博士后 26 名;已发表论文 900 多篇,出版著作、教材和工程手册等 80 多部;主编国家标准《复合地基技术规范》等多部工程标准;已获国家和省部级科学技术进步奖及教学成果奖 20 余项。2002 年被授予茅以升土力学及基础工程大奖,2007 年被推选为《岩土工程学报》黄文熙讲座人。领衔的"复合地基理论、关键技术及工程应用"获 2018 年度国家科学技术进步奖一等奖,领衔的"'大土木'教育理念下土木工程卓越人才'贯通融合'培养体系创建与实践"获 2018 年高等教育国家级教学成果奖二等奖。编著的教材《地基处理(第二版)》2021 年获首届全国教材建设奖·全国优秀教材(高等教育类)二等奖。获 2022 年度何梁何利基金科学与技术进步奖·工程建设技术奖。1994 年至 1999 年任浙江大学土木工程学系主任。任浙江省岩土力学与工程学会理事长和金华博士联谊会会长等社会兼职。2023 年,浙江大学教育基金会龚晓南教育基金成立,其中设立了岩土工程及地下空间开发科学和技术进步奖、科学和技术进步青年奖以及《地基处理》优秀论文奖等奖项。

龚晓南教授为我国工程建设和岩土工程学科发展以及岩土工程高级工程技术人才培养做出了杰出的贡献,创造了巨大的社会效益和经济效益。

前 言

我于 1978 年考上浙江大学岩土工程专业研究生学习岩土工程,至今已有 46 年。今年我 80 周岁,将我与岩土工程的一些往事做些记录并结集成册,出版《我与岩土工程》作为纪念。同时,约请几位在校博士研究生帮助整理了我在前辈的指导教育下,与同事、朋友、学生共同完成的学术论文,从中选出部分论文,形成姊妹篇《龚晓南岩土工程论文选集》。两本书均在浙江大学出版社出版。

《我与岩土工程》主要包括我的成长历程、结缘岩土工程、获岩土工程博士学位、主要学术贡献、我与岩土工程教育、我与复合地基理论、我与基坑工程技术、我与地基处理技术、我与基础工程加固和事故处理技术、我与岩土工程西湖论坛、我对岩土工程发展的思考等内容,后附简历、指导研究生论文目录、合作博士后出站报告目录、访问学者名单、著作目录、论文目录和部分学术报告目录。

《我与岩土工程》和《龚晓南岩土工程论文选集》的编写,得到了许多已毕业和在校的博士、硕士研究生的帮助,浙江大学滨海和城市岩土工程研究中心办公室的宋秀英、王笑笑为两本书的出版做了不少工作,在此对他们的支持和帮助表示衷心感谢。

借《我与岩土工程》和《龚晓南岩土工程论文选集》出版之际,衷心感谢和深切缅怀曾国熙先生、卢肇钧先生、汪闻韶先生、钱家欢先生、冯国栋先生、郑大同先生、叶政青先生、彭大用先生等老前辈的指导和帮

i

助,衷心感谢国内外岩土工程界新老朋友的指导和帮助。《我与岩土工程》中记录的一些往事,反映了我们共同的努力,促进了岩土工程的进步,也留下了许多美好的回忆。

浙江大学教授 龚晓南

2024 年 8 月 26 日

目 录

成长历程

　　1944 年 10 月 12 日,我出生在浙江金华汤溪县罗埠区(今金华市婺城区罗埠镇)山下龚村一个农民家庭。父亲龚樟杰,母亲章启弟。我出生时家中还有祖母陈大香和姑姑龚珠梅。后来父母又添了六个孩子。我们同胞兄弟姐妹共七人,我有五个妹妹和一个弟弟,弟弟最小,于1965 年出生。

父亲龚樟杰(1922—2008)和母亲章启弟(1923—2000)

龚家七兄妹:龚晓峰、龚淑英、龚志英、龚志琴、龚志银、龚志金、龚晓南(左起)

我幼时取名志元,读小学后,祖母又请小学老师祝立坦先生给我取了一个"学堂名":晓南。此后,我在学校叫晓南,在家中叫志元。

山下龚村位于浙赣铁路线汤溪火车站北侧约一里(500m)处。现在的浙赣高铁新线和杭金衢高速公路都从村北侧三里左右处通过。山下龚村地处金衢盆地衢江两岸的湿地,紧邻黄土丘陵,南面是南山九峰山。湿地里池塘星罗棋布,还有一条条从西向东的小河。外婆家距我家只有五里,小时候去一次外婆

龚氏家庙

家,要走过十多座桥,其中大部分是石板桥。村中土地绝大部分是水田,颇具江南鱼米之乡的特色。村存武陵山下龚氏家谱记载:龚姓受姓在东周春秋战国时期,公元前221年以前,在晋国受姓。第一代龚坚受姓。

第四十代日新公,宋徽宗崇宁年间进士(驸马公),遭谗避难,由义邑松门迁居汤溪茅簷,时间在公元 1120 年前后。第四十八代允德和允志两兄弟由茅簷迁居雷鼓山下泛珠之地的山下龚村,时间在公元 1370 年前后。

自龚姓受姓起,我是第六十八代;自汤溪始祖龚日新起,我是第二十八代;自山下龚始祖起,我是第二十代。祖辈的开发和积累使山下龚村有人均两亩地的农耕收入,自给自足,代代相传。

1949 年秋,我不足五周岁,开始在初级小学读书。当时小学设在龚氏家庙后厅,占用半个祠堂。小学学生一般有 20 人左右,全是本村的孩子,均在设有四个年级的复式班里学习。小学只有一名老师,要教四个年级的语文、算术、音乐和体育等所有课程。1953 年,从初级小学毕业后,我到罗埠区完全小学高级小学部读书,其间寄住在距离罗埠镇仅一里多的上章村外婆家,早出晚归,中午有时自己带饭,有时外公给我送饭。

小学毕业照片

1955 年,我从高级小学毕业,同年考上汤溪初级中学。汤溪初级中学创办于 1941 年,是当时汤溪县的最高学府。因难以筹到学费,父母没有能力让我继续到中学读书,故而我未能如期报到入学。看到同学们去上学,自己却不能去,11 岁的我心中十分难过,偷偷哭了好几回。父母亲见我求学心切,又会读书,最后在众多亲友的劝说和帮助下,还是决定送我上中学。当时正式录取生的报到截止日期已过,学校正在办理备取生的报到。学校领导了解情况后,经商量,答应若备取生报到期满还余有招生名额,便可考虑接收我。很幸运,到备取生报到期限时,招生名额还未满,这样我得以在备取生报到期后再报到入学。进入汤溪中学学习后,我的户籍转为城镇户籍。当时农村户籍与城镇户籍的差别不大,转进转出比较方便。

汤溪中学在汤溪镇,原汤溪县孔子庙所在区域。那时汤溪中学住校生一个学期的费用,包括学费、伙食费、书费和杂费(如理发费等)等,约50元。这在当时对一个贫困的农民家庭来说是天文数字,经济压力之大可想而知。好在每个学期我可以申请到近30元的人民助学金和困难补助费,寒暑假可参加粮库助征等勤工俭学工作,一年能挣10余元(那时临时工一天的工资约0.35元)。余下的部分,除父母省吃俭用外,还得到不少亲友的帮助。倘若没有人民助学金,没有亲友们的帮助,我是很难读完中学的。

1958年,建制于明朝的汤溪县撤县,并入金华县(现属浙江省金华市),汤溪初级中学改名为金华第四中学。在初中阶段,语文、数学、物理和化学老师都很喜欢我,我的学习成绩很优秀,曾获全校速算比赛第一名。1958年,我国各行各业发展迅速,金华第四中学开始招收高中班。老师和校领导都劝我继续上高中,我非常幸运,在初中毕业后继续到高中就读,成为金华第四中学第一届秋季高中班的学生。高中阶段的经济负担与初中阶段基本相同,但我自己寒暑假勤工俭学的能力提高了。

1961年,国家处于困难时期,各行各业贯彻"调整、巩固、充实、提高"八字方针,上级决定撤销金华第四中学的高中部,高中部学生全部合并到金华第一中学(简称金华一中)学习,我被分到高三(5)班。金华第一中学创建于1902年(时称金华中学堂),1958年由金华城区迁往蒋堂农村,新校园地处荒野的黄土丘陵,学生宿舍大部分还是茅草房,但那时金华一中的师资很强,高考成绩连续多年排名全省第一。虽然我只在金华一中就读了一个学期,但这段时间对我学业的提升帮助很大,助力我考上了清华大学。1961年,金华一中有毕业生256人,没有人考上北京大学,只有两人考上清华大学,我是其中之一。

在中学阶段,生活很艰苦。有些事可能是当时的城里人和现在的年轻人难以理解的。我没钱买钢笔(又称自来水笔),一直到上大学时,我大舅舅章荣根送我一支,我才用上钢笔。整个中学阶段,包括到金华考场参加高考,我用的都是蘸水笔;我没有买过雨鞋和雨伞,用的都是笠帽,穿着妈妈做的鞋;饿肚子更是常事,缺钱买饭票,只能省着吃。后来又遇到国家困难时期,饿肚子就更平常了。那时我的身体比较瘦弱,1961年上清华时,体重才40公斤。生活虽然很艰苦,但我觉得有书读就很满足了。我深知农民的孩子上学带给父母的辛苦。

"清华园   工程师的摇篮!"和"为祖国健康工作五十年!"的大幅标语给刚进清华园的我留下了深刻印象。

清华大学

报到后,我被分到土木建筑系工业与民用建筑专业房72班。清华大学的学风很好,大家学习都很努力。来自农村的学生的学习基础相对差一些,特别是外语。刚进大学时,我的学习成绩一般,自己觉得更要努力。后来我进步很快,到了大学二年级,成绩就名列前茅了。我在学习上经常给自己加码。比如在学理论力学和材料力学时,同时使用中、英文版教材,并学习用英文记复习笔记;在学结构力学时,用中、英文版教材的同时,还用俄文版教材,一边学结构力学专业知识,一边学俄文。我在清华园养成了独立思考的习惯。马克思不是说要"怀疑一切"吗?记得政治经济学课堂上,当老师讲到"随着资本主义的不断发展,工人阶级不仅不断相对贫困化,而且还不断绝对贫困化"的论断时,我对"绝对贫困化"不理解,在读书报告中表达了不同意见,并与老师进行了讨论和争辩。老师觉得我学习认真,善于思考,虽然不明确表示同意我的观点,但还是给了我最高分。

大学一年级照片

房72班在大礼堂前合影(1961)

　　1962年，班级组织游览八达岭长城，途中我们到青龙桥詹天佑纪念馆参观，并在詹天佑铜像前合影留念。詹天佑的事迹和贡献深深教育、影响了我，自此我便暗暗下决心，要为祖国的土木工程建设事业最大限度地贡献自己的力量。在清华园接触的学术权威多，名人多，能人也多。受他们熏陶感染，我不知不觉地不断提高对自己的要求，决心向他们学习，努力向他们看齐。当时学校实行因材施教制度，教师对少数几名学习成绩较好的学生实行单独辅导，俗称"开小灶"。材料力学和结构力学两门课程分别由著名的张福范教授和杨式德教授讲授，他们都曾在美国留学。张教授是世界力学权威铁木辛柯（Stephen Timoshenko）的研究生。当时我是他们因材施教的对象。我还提前一年通过了学校的第一外语考试，进入由全校各系优秀学生组成的英语提高班学习。英语提高班在晚上上课，使用英文原版油印教材，其中不少是著名文学作品的摘录。当时工科大学的外语教学要求主要是阅读和笔译，对听和说几乎无

房72班在青龙桥詹天佑纪念馆詹天佑铜像前合影（1962）

要求。清华大学大多数学生的第一外语是俄语,少数是英语。全国的中学也是如此。通过第一外语英语考试后,我开始自学第二外语俄语,班中许多同学都是我的俄语老师。大学四年级时,我通过了英语和俄语的专业外语考试。当时系里组织几名学习成绩较好的学生参加抗爆防爆教研室的科研活动,我是参与者之一。我参与的研究项目是北京地铁模拟防爆试验。那时我的理想是成为抗爆专家。

大学二年级的第二学期,1963 年 5 月 25 日,我加入了中国共产党。当时清华大学为了培养学生的工作能力,经常调换学生干部的社会工作岗位。我在担任班长之后,担任过团支部书记、党支部委员、系学生会干部、校卫队学生干部等社会工作职务。现在回想起来,多一些经历,多一些锻炼,有利于个人能力的提高,很好!

大学五年级初,1965 年秋,根据党中央的要求,我与十几位房 7 和建 7 的同学被分配到北京郊区延庆县西五里营村参加社会主义教育运动(简称四清运动),我任四清工作队副队长。1966 年夏,"文革"已轰轰烈烈展开,清华大学党委已被"轰倒",组织上让我们从延庆农村回学校闹革命。

我们回校时,党中央派来的工作组已进驻学校,学校党组织已瘫痪。学校由工作组领导,我是房 72 班的负责人。当时,受鼓动和支持的学生要赶走工作组。刚从四清工作队回来的我对要赶走工作组不理解,没有参加反工作组活动,成了"保守派"。赶走工作组以后,学校内班级组织也不存在了,只有各种各样的战斗队和所谓的"逍遥派"。各派在清华园中充分表现,走马灯似的轮换,最后演变成武斗。我很庆幸没有卷入派别斗争,从初期的"保守派"成为所谓的"逍遥派"。"文革"期间,我在清华大学看了很多马列的书,如《反杜林论》《论反对派》,也看了孙中山先生的《建国方略》等书,并认真做了读书笔记;还与几位同学一道去过北京首都钢铁公司、鞍山钢铁公司和大庆油田等地做社会调查,由此对中国社会有了进一步了解和思考,长了很多见识。

清华园发生武斗后,有一派占了我们的宿舍二号楼,我们几位同学就搬到中立区学校主楼打地铺住了几天,后又搬到相邻的中国林业大学一位同乡宿舍里住了几天。北京地区武斗有增无减,于是我就回金华老家务农干活,一直到"工宣队"进校,那时已是1968年春天了。"工宣队"进校后,学校来信催我回校,我才返校参加毕业分配。不久,我就离开清华园,结束了大学生活。

将近七年(六年制学习结束后,因"文革"影响延迟分配一年)的清华园生活使我从一个不太懂事的农家子弟成为一个决心为祖国、为人民努力奉献的土木工程师。在清华园,我收获很多。清华园的教育不仅使我掌握了现代土木工程知识,更重要的是让我初步懂得了如何去为国家、为人民服务。此外,我在清华园养成了坚持锻炼身体的好习惯,身体结实了不少。

因受"文革"影响,1967届清华大学毕业生一直到1968年夏才被分配,我被分配到地处陕西凤县的国防科委8601工程处(中国人民解放军兰字823部队)工作。8601工程为国家重点国防建设项目。陕西凤县属宝鸡管辖,地处秦岭山区南麓,在陕甘川三省交界处,地理位置偏僻。当时被分配到部队的大学毕业生都要到农场劳动。据领导说,国防科委给中央打了报告,要了10名大学毕业生直接参加大三线建设,我是其中之一。所以我毕业后直接从事技术工作,没有到农场劳动锻炼。8601工程处当时房无一间,地无一垄。我们借住在县城双十铺凤县农林局大楼内。报到后不久,我们到茨坝建点。茨坝地处甘肃省两当县,嘉陵江江畔,当时只有几户农民,很荒凉(茨坝现在已成为一个繁华的小镇)。到茨坝后,我们先住帐篷,再搬入简易草房。为了在温江(嘉陵江支流)

两岸山沟里建设研究所,我们在嘉陵江边的宝成铁路线上建了一个简易火车站,取名为宏庆火车站(简易火车站是在铁路主线上建了一段支线,可以停车卸货,规模很小,现在宏庆车站已是宝成线上的重要车站,货运和客运量都不小)。在建宏庆站的同时,先沿嘉陵江到温江与嘉陵江接口处修公路,再沿温江在山坡上修公路,直至温江上游,与地处陕西凤县酒奠沟处的国道连接。在温江两岸稍微开阔的地段,削山填滩,平整土地,形成建研究所的场地,同时打井取水,建站发电。这些工作称为"三通一平"——通路、通电和通水,平整土地。8601 工程建设需要什么,我们就干什么。甘肃省境内的公路由甘肃省负责修,陕西省境内的公路由陕西省负责修。我参加了甘肃省境内公路的选线、中线和横断面测量,以及道路设计工作。我给甘肃省交通厅的一位老先生当助手,他教了我很多道路测量和设计知识。施工阶段,我作为甲方代表负责施工管理,从甘肃省交通厅第四工程公司也学到许多现场施工的经验。有一位从长沙公路工程学院毕业的龚姓工程师像兄长一样教我,令我至今印象深刻。

1969 年,从茨坝到南家关已可通车,但从南家关到计划建 1605 研究所的费家庄的陕西省境内公路何时能建成通车尚无计划。为了抢时间,8601 工程处郭森处长建议成立南费(南家关—费家庄)公路大队,并让我担任副大队长兼技术主管,负责修公路、建桥梁、筑防洪堤。工业与民用建筑专业出身的我承担交通工程和水利工程,还是胜任的。

"三通一平"工作完成后,8601 工程处撤销,组织上让我担任 1405 研究所(中国人民解放军 1440 部队)基建办公室工程组组长,负责 1405 研究所基建工程技术管理工作。

自行设计施工的双曲拱桥——战备桥（桥跨 32m）（1969）

多年后回到陕西凤县在自行设计施工的双曲拱桥边留影（1995）

"文革"后,我国各项工作逐步走上正轨。1978年,我国恢复研究生培养制度,高校开始招收研究生。高校招收第一批研究生时,我考入浙江大学岩土工程专业学习,师从曾国熙教授,开始从事岩土工程的学习与研究。

1978年,浙江大学招收了160多名硕士研究生,中国科学

工作之余坚持体育锻炼(1970)

院上海分院的一年级研究生也在浙江大学学习基础课,全班共200多人,其中土木工程学系10人。在研究生阶段,组织上让我担任土木工程学系研究生班班长和全校研究生大班班长。

1981年,我通过了硕士论文答辩。答辩后第二天,我带全家游玩了一天,并作诗留念:

八月杭城桂花香,学业初成精神爽。

儿童公园嬉戏乐,泛舟西湖全家欢。

硕士研究生毕业后,我留在浙江大学工作,成为浙江大学土木工程学系土工教研室教师。报到后,我在教学上承担研究生教学和管理工作,并担任中共土(土工)测(测量)建(建筑)支部书记。在浙江大学四十多年来,我主要承担研究生教学、指导和管理工作,以及科研和技术服务工作,有时也兼职党政管理工作。

1981年,国家开始施行学位条例;1982年春,浙江大学开始招收第一届博士研究生。我在职报考,成为浙江大学第一届博士研究生。

1984年9月12日,我通过了博士论文答辩,成为浙江省自己培养的第一位博士,也是我国岩土工程界自己培养的第一位博士。

答辩后第二天,我们全家登上玉皇山。登高望远,即兴作诗留念:

　　　　昨摘博士冠,今登玉皇山。

　　　　抬头向前看,明日再登攀。

1985 年,我的论文"Consolidation analysis of the soft clay ground be-neath large steel oil tank"(大型钢油罐下软黏土地基固结分析)被第五届国际岩土力学数值分析方法会议录用。报学校并经教育部同意,我赴日本名古屋参加会议。第一次去国外,看什么都觉得新鲜,新干线、高速公路及沿线休息区、公路立交、地下通道、地下商场、超市等,都是第一次见到。这些使我开了眼界,看到了差距,也感觉到责任。

第五届国际岩土力学数值分析方法会议期间合影(1985)

1986 年底,我自由申请获得洪堡基金会奖学金,赴德国卡尔斯鲁厄大学(Universität Karlsruhe)土力学与岩石力学研究所从事研究工作,合作导师是 Gerd Gudehus 教授。

德国经历（1987）

在洪堡学者聚会上（1987）

与 Gudehus 教授在杭州（1989）

　　1988 年春，我从德国回校，组织上让我担任土木工程学系副主任，分管科研和技术服务工作。1989 年，系主任唐锦春教授任副校长，学校发文任命我为系副主任，主持土木工程学系工作。我深知责任重大，做了不少调查研究工作，包括请教老教授、了解分析浙江大学土木工程学科发展历史、学习兄弟院校经验等，以此谋划浙江大学土木工程学科如何进一步发展。没有想到，1990 年春，校长告诉我学校计划调我去校图书馆任副馆长，并说现馆长不久将退休离任，浙江大学图书馆需要一位学术水平较高的学者任图书馆馆长。我当时毫无思想准备，听了校长的话后，不知说什么好。我只对校长讲，让我想一想，过几天再告诉您我是否去图书馆任职。是否去图书馆任职？我征求了我的老师和同事们的意见，绝大多数人都劝我不要去。几天后，我给校长交了一张字条，告诉他我的决定——请求回教研室当一名普通教师,并表达了做好教学和科研工作的意愿。组织上同意了我的请求。于是,我离开土木工程学系领导岗位,专心于岩土工程的教学和科研工作。

1994年春,土木工程学系党总支书记李身刚找我谈话,传达组织意见,请我担任土木工程学系主任。我的态度是服从组织安排。据说,李身刚书记和钱在兹主任均向学校党政领导建议提名我担任土木工程学系主任。1994年4月底,我担任土木工程学系主任,直至1999年。

担任系主任后,我首先开展了一系列调查研究活动:邀请浙江省建工集团和省、市设计院等有关单位领导、专家座谈,探讨我国土木工程建设发展对高等土木工程教育的要求;组织"海归"教师联系国外校友,调查国外大学土木工程学科设置和课程安排;组织老教师座谈会,了解浙江大学土木工程学科发展沿革,特别是1952年院系调整前后的变化;与国内一些大学进行比较分析。在开展大量的调查研究的基础上,根据土木工程建设对高等土木工程教育的要求以及浙江大学的具体情况,我组织制订了浙江大学土木工程学科发展计划,并组织全系教职工讨论,听取大家的意见和建议。我强调,要重视土木工程领域各个学科的综合发展。由于历史原因,在1952年院系调整时,浙江大学土木工程学系取消了道路、桥梁和水利学科。后来水利学科恢复了,但道路、桥梁学科一直没有恢复。一流的土木工程学系需要土木工程领域各个学科的综合发展。在任期内,我破格引进人才,新建了道路桥梁、建筑经济管理、防灾减灾、市政工程等学科,并筹建了相关研究所(室)。这些新建学科现已成为浙江大学土木工程学科发展的新生力量。

我还提出改革大学本科教学计划,拓宽学生知识面,实施"大土木"专业教育。通过对大量的国内外大学土木工程专业教学计划的调查,我组织制订了土木工程本科"大土木"培养计划,使浙江大学成为全国第一所实施"大土木"专业教育的院校。在郑州召开的全国土木工程系主任会议上,我介绍了"大土木"培养计划,得到了土木工程专业指导委员会和与会代表的好评。时任土木工程专业指导委员会副主任的清华大学江见鲸教授在会上给予了很高的评价。两年后，教育部进行专业调整，全国也逐步实施了"大土木"专业教学计划。

受当年清华大学蒋南翔校长大力发展党员的启示，我认为，未来一所大学在社会上的影响力，将会在很大程度上取决于研究生培养的数量和质量，特别是研究生数量。为此，我在任期内大力扩招研究生。在担任系主任的五年期间，不仅建成了土木工程一级学科博士点和博士后流动站，还使研究生数量翻了一番。

1995 年，土木工程学系通过了国家建筑工程专业评估；1996 年，岩土工程成为"211 工程"重点学科。可是，当时土木工程学系的办公条件特别差，严重制约了发展。例如，岩土工程研究所除实验室外，只有一间教师办公室，可放四张小办公桌。为了改善教师办公条件，经多方咨询和协商，系里决定自筹经费建设浙江大学土木科技馆。当时高校资金很紧张，建土木科技馆的资金只能依靠全系教职工的

土木科技馆(2015)

共同努力。我们在系内自筹资金 200 多万元(包括教师个人捐助和系自营收入)，向社会各界募集 200 多万元，又通过学校从香港得到部分资助(学校要求土木科技馆顶层用于学校远程教育)。1996 年 4 月 1 日，土

木科技馆奠基仪式举行。1998年9月,一座崭新的土木科技馆终于在浙江大学拔地而起,较大地缓解了教学实验用房的压力。

我也积极利用社会力量支持办学。1994年底,我提议筹建浙江大学土木工程教育基金会;1995年,基金会成立。基金会由会长、副会长、秘书长、司库组成,并聘请若干名顾问。第一届基金会会长由我担任。浙江大学土木工程教育基金会于1995年12月22日在浙江大学邵逸夫科学馆举行基金会理事会成立暨第一次浙江大学土木工程教育奖学金颁奖大会,会后举行第一届基金会理事会第一次会议。基金会用基金利息奖励系内的"十佳教工"、优秀学生和学生干部,同时补助家境比较贫寒的学生。

我还积极开展继续教育工作,一是办学习班,二是加强土木工程专业工程硕士的培养。开展继续教育促进了学校与企业的联系,有利于校企合作。

浙江大学第一届土木工程专业研究生班毕业生合影(1997)

通过开办公司和开展继续教育工作,系经济收入逐年增加,增收主要用于投入学科建设和增加教学补贴。1995年,系里出资对新建硕士点、新建学科予以补助,向每位教授赠送一台"586"计算机,深得大家欢迎。直到2015年,还有一位教授对我说,他初期的不少研究成果都是用那台计算机进行计算分析的,系里送的计算机真是雪中送炭。随着系经济收入逐年增加,系教师教学补贴标准也逐年提高。系经济收入还用于建造土木科技馆。

为了调动大家的积极性,集中大家的智慧,作为系主任的我于1995年开始组织全体教授召开系暑期工作会议,每年讨论研究一个主题。第一次暑期工作会议在莫干山举行,重点研究如何加强研究生培养工作。暑期工作会议议程包括系领导介绍工作思路、分组讨论、小组汇报和系主任小结。莫干山会议的费用是由一位校友、民办企业家资助的。这种形式在当时的浙江大学可能也是首次。1995年底,我们在学生食堂组织全系在职和退休教职工聚餐,在聚餐前向大家汇报一年来各方面的进展以及进一步发展的思路,还给全体退休教职工每人发慰问金300元。聚餐费用和慰问金来自教职工集体创收。这在浙江大学可能是首次,影响较大。

为了加强与校友的联系,争取广大校友的支持,也让优秀校友事迹激励在校师生,我于1995年创办《浙大土木校友通讯》,并请原系主任、校友、中国科学院学部委员钱令希教授题名。

应该说,两次担任系主任,我都是尽力尽职的。两次离开领导岗位时,都有不少同仁采用不同形式表达对我的关心和爱护,我在此表示深深的感谢。特别

《浙大土木校友通讯》

让我欣慰的是,1999年卸任后,我连续多年被评为土木工程学系"十佳教职工",这是土木工程学系同仁们对我的厚爱。"十佳教职工"是根据我的提议设立的,由全系教授和系党政与科室负责人不记名投票产生,由土木工程教育基金会支持。"十佳教职工"的名额主要分配给普通教师,2~3个名额给实验和管理岗位教师,不授予系党政主要领导。

2011年,我当选中国工程院院士,许多同事、领导、同行和朋友纷纷来信来电表示祝贺,我在此表示衷心感谢。我在中国工程院汇报的最后一张PPT是这么写的:"50年前我开始学习土木工程,30年前获得硕士学位并开始从事岩土工程教学和科研工作。今天我能在这里做汇报,我要首先感谢父母亲的养育之恩、老师们的教育之恩、国家和人民的培育之恩,感谢土木工程界的前辈们以及我的学生、同事、同仁的支持和帮助。30多年来我仅是在有限的领域做了一些探索,今后还需继续努力。请继续给予支持和帮助。谢谢! 请多指正!"

在我当选中国工程院院士后,浙江大学建筑工程学院党政领导希望我能组建一个研究中心,发挥更大的作用。2012年,经学校批准,浙江大学滨海和城市岩土工程研究中心(以下简称中心)成立。

在中心成立会上,我做了题为"浙江大学滨海和城市岩土工程研究中心建设和发展思路汇报"的发言,大意如下。

中心要以现代化建设需要为发展动力,加强基础理论研究,坚持以人为本,坚持产、学、研相结合,坚持为工程建设服务,同心协力,努力做到人尽其才、物尽其用,出成果、出人才。要把中心办成在国内外学术界和工程界有较大影响力的岩土工程研究中心。国内外较大影响力主要反映在下述三个方面:要把中心建成岩土工程大师的培养基地;要完成一批有影响力的科研成果,发表和出版一批有影响力的论文、著作;办好一本学术刊物《地基处理》,加强国内外学术交流,要让中心成为一个有影响力的学术交流中心。

中心要通过承担国家重大、重点科学研究项目,增强活力,提高科研水平;通过与企业合作建立院士专家工作站和工程研究中心,促进产、学、研相结合;通过参与国家和地方重大、重点工程项目建设(包括咨询、设计、监测等),解决工程建设中遇到的难题。

中心发展强调多学科结合,包括岩土工程、交通工程、海洋工程、水利工程、材料工程、结构工程、化学工程、机械工程等;强调开放性,建立的研究开发中心、工程研究中心、实验室、院士专家工作站等都应是开放的,向校内外、国内外开放;强调产、学、研相结合;强调为工程建设服务;强调追求卓越、追求创新、追求领先。中心成立教授委员会,规划、确定、调整研究方向,对中心的学术工作提出咨询意见。

我与卢蓝玉于 1974 年结婚,当时蓝玉在杭州第三建筑公司工作,我在陕西凤县 8601 工程处工作,两地分居。岳父母给了我们一个房间,与他们一起住在杭州华家池浙江农业大学教师宿舍的小二楼。

与妻子卢蓝玉在德国科隆(1987)

1975 年 7 月 1 日,我们的儿子龚鹏出生,那时我还在陕西工作。照顾蓝玉生产满月后,我就回陕西凤县秦岭山区继续工作,妻儿全靠岳父母照顾。1978 年,我考取浙江大学研究生,到浙江大学学习。1979 年 8 月 21 日,我们的女儿龚程出生。龚鹏和龚程都在浙江农业大学幼儿园及附属小学上学。1986 年,我在浙江大学分到房子,一家四口连同岳母一起搬到求是村 6 幢居住,龚鹏和龚程转到浙江大学附属小学读书,后相继到浙江大学附属中学读书。

金韵梅(岳母)、龚程、卢蓝玉、龚鹏、龚晓南(左起)

1993 年,龚鹏考取清华大学;1998 年,毕业于环境工程专业;同年,获奖学金赴美国辛辛那提大学环境工程专业学习。龚鹏在辛辛那提大学学习期间认识同学李瑾,后在美国结婚成家。两人育有三个孩子,龚子晋、龚承智和龚冠融三兄弟。龚鹏获硕士学位后工作两年,然后到美国西北大学学习,获工商学院 MBA 学位。

1997 年,龚程考取浙江大学;2001 年,毕业于土木工程专业;次年,获奖学金赴美国威斯康星大学学习,后获交通工程硕士学位。龚程在美国学习期间认识同学陈耀闵,后结婚成家。两人现在柏林工作,育有三个孩子,陈宗禧、陈宗颐和陈宗望三兄弟。2021 年,龚程获柏林工业大学工商法律硕士学位。

龚子晋、龚承智、龚程、陈耀闵、陈宗望、卢蓝玉、龚晓南、龚鹏、李瑾、
陈宗颐、龚冠融、陈宗禧(左起)(2023)

结缘岩土工程

　　1961年,我报考大学时的志愿表分第一表和第二表,第一表为中央管理的院校,第二表为地方管理的院校,两张表总共可填18个志愿。我的第一表第一志愿是清华大学土木建筑系,第二表第一志愿是浙江大学数学力学系(当时浙江大学是地方管理的院校)。在18个志愿中,我只填了一个土木建筑工程系,其余大部分是数学系、工程力学系或数学力学系,因为我在中学阶段比较喜欢数学和物理。为什么当时第一志愿会填土木建筑工程系? 我自己也回忆不出是什么理由。考虑到家庭的经济状况,填报的志愿中师范类院校比较多。当时没有高校来中学做招生宣传,也没有老师给我们全面、具体的指导。农民父母和亲友不了解大学的设置,也无法给我具体的建议。所以我全凭自己的感觉填写了志愿,结果被清华大学土木建筑系录取了。当时想上大学念书的愿望是很强烈的,至于具体上什么大学、读什么专业,好像很少考虑。被清华大学土木建筑系录取,是我结缘土木工程的开始。进入大学后,我被分配到工业与民用建筑专业学习。工业与民用建筑专业,后来称为结构工程专业,现在属土木工程专业。在大学阶段,我的理想是成为一名优秀的工程师,像詹天佑和茅以升等前辈那样为祖国的土木工程建设事业做出自己的贡献。

　　大学毕业后,我被分配到地处陕西凤县的国防科委8601工程处(中国人民解放军兰字823部队)工作。为了在温江(嘉陵江支流)两岸山沟里建设研究所,我们在嘉陵江边地处茨坝的宝成铁路线上建了一个简易火车站,先沿嘉陵江到温江与嘉陵江接口处修公路,再沿温江在山坡上修公路,直至温江上游,与地处陕西凤县酒奠沟处的国道连接。在温江两岸稍微开阔的地段,削山填滩,平整土地,形成建研究所的场地。我参加了甘肃段公路的选线、中线和横断面测量,以及道路设计工作。施工阶段,我作为甲方代表负责施工管理。1969 年,从茨坝到南家关已可通车,但从南家关到计划建 1605 研究所的费家庄的陕西省境内公路何时能建成通车尚无计划。为了抢时间,8601 工程处成立南费(南家关—费家庄)公路大队,我担任副大队长兼技术主管,负责修公路、建桥梁、筑防洪堤。"三通一平"工作完成后,8601 工程处撤销,组织上让我担任 1405 研究所(中国人民解放军 1440 部队)基建办公室工程组组长。现在回忆起来,我在 8601 工程处修公路、建桥梁、筑防洪堤以及"三通一平"工作中遇到过不少岩土工程问题。我在大学阶段学过土力学和基础工程,但没有岩土工程概念。岩土工程是一个新概念。20 世纪 60 年代末至 70 年代,国际上将土力学及基础工程学、工程地质学、岩体力学应用于工程建设和灾害治理的技术体制统一称为岩土工程。岩土工程包括工程勘察、地基处理及土质改良、地质灾害治理、基础工程、地下工程、海洋岩土工程、地震工程等。"岩土工程"译自"Geotechnical Engineering",在中国台湾地区译为"大地工程"。

"文革"后,我国各项工作逐步走上正轨。1978 年,我国恢复研究生培养制度,高校开始招收研究生。高校招收第一批研究生时,我考入浙江大学岩土工程专业学习,师从曾国熙教授,开始从事岩土工程的学习与研究。

为什么会学岩土工程?为什么会报考浙江大学?说起来也挺有意思。当时我已结婚生子,妻儿都在杭州,因此我决定报考浙江大学。在浙江农业大学工作的岳父卢世昌先生带着我去他的亲戚——浙江大学土木工程学系蒋祖荫先生处请教我的报考专业。蒋先生对我们说:"我的专业是钢筋混凝土结构,我们是亲戚,你报考我的研究生不合适。曾国熙先生是现在系里唯一从国外留学回国的教授,他在软土地基方面的研究比较有名,你可以报考到他的门下。"于是我报了岩土工程专业。我在一篇小文《我与岩土工程结缘》中写到过:"从此我有了一个很好的舞台,一位很好的导师。"

岩土工程学科发展与国家经济发展密切相关。改革开放以来,我国土木工程建设的规模和持续发展时间是其他国家不能相比的。我国地域辽阔,工程地质复杂。这既向我国岩土工程界提出了许多崭新的课题,也为我国岩土工程研究跻身世界一流并逐步占据领先地位创造了很好的条件。

我很庆幸:1961 年报考清华大学土木建筑系,学习土木工程;1978年报考浙江大学岩土工程专业,学习岩土工程。

获岩土工程博士学位

"文革"后,我国各项工作逐步走上正轨。1978年,我国恢复研究生培养制度。我考入浙江大学岩土工程专业学习,师从曾国熙教授,开始从事岩土工程的学习与研究。1981年,我通过了硕士论文答辩,论文题目为《软粘土地基固结有限元分析》[*]。

与导师曾国熙教授合影

主要内容与导师曾国熙教授联名发表于《浙江大学学报》(1983,17(1):1-14)。论文经学会评选,编入中国土木工程学会土力学及基础工程学会编辑的英文版论文集 Selected Works of Geotechnical Engineering(《岩土工程论文集》,中国建筑工业出版社,1983:127)[**],供国际交流。论文获1984年浙江大学科技成果理论一等奖。1981年硕士研究生毕业后,我留在浙江大学土木工程学系土工教研室工作,开始从事教育工作。

---

[*] 时称"粘土",现作"黏土"。

[**] 1999年,中国土木工程学会土力学及基础工程学会改称为中国土木工程学会土力学及岩土工程分会。

自 1981 年起,国家施行学位条例,公布了第一批硕士和博士研究生培养学科和学位授予学科,以及第一批博士研究生导师名单。浙江大学岩土工程学科为第一批博士研究生培养学科之一,曾国熙教授为第一批博士研究生导师之一。1982 年春,浙江大学开始招收第一届博士研究生。我在职报考,成为浙江大学第一批博士研究生。浙江大学第一批博士研究生共五人,分别是物理系董绍静(导师李文铸教授)、医仪系魏大名(导师吕维雪教授)、热物理系倪明江(导师陈运铣教授)、化工系郝苏(导师王仁东教授)和土木系龚晓南(导师曾国熙教授)。

倪明江、郝苏、董绍静、魏大名和龚晓南(左起)(1986)

在博士研究生阶段,我的研究方向是"油罐软黏土地基性状"。这不仅是继续我在硕士研究生阶段的研究工作,也是曾国熙教授和他的同事长期从事软土地基研究工作的延续和深入。在博士研究生阶段,结合上海金山石化油罐工程,我做了大量的上海金山软黏土 K_0 固结三轴不排水压缩和拉伸剪切试验以及 K_0 固结三轴排水压缩和拉伸剪切试验等。K_0 固结三轴剪切试验仪是浙江大学土工教研室自己研制成功的。做一个 K_0 固结三轴排水抗剪试验需要两天时间,往往要到第二天深夜两三点才能结束。此外,我多次在教研室做阶段性汇报,听取土工教研室老师的意见和建议。导师还让我多次参加在上海、北京和天津等地举办的外国教授专家学术讲座和学习班。

当时我国数值计算条件很差,浙江省只在省科技局大楼内有一台国产 TQ－16 计算机,内存容量 64KB,机器语言为 BCY 语言,上机要排队预约。计算机计算采用纸带输入信号,信号在纸带上穿孔形成。编程需要打孔,修改程序需要打孔,输入数据也需要打孔。我的论文中的数值计算是在省科技局大楼内的计算机上完成的。

经过两年多的努力,我完成了论文初稿。我的学位论文是手写本,论文简要本是油印本。论文简要本送交全国各地 30 多位岩土工程专家评审,评审专家对我的研究成果都给予了很高的评价,同时还给出了很好的建议和意见。

博士论文手稿

1984 年 9 月 12 日,浙江大学首次博士论文答辩会在学校图书馆会议室召开,答辩委员会由卢肇钧学部委员、汪闻韶学部委员、钱家欢教授、曾国熙教授和潘秋元副教授组成,卢肇钧学部委员任主席,副校长王启东教授和学校研究生院领导出席了会议。我通过了博士论文答辩,成为浙江省自己培养的第一位博士,也是我国岩土工程界自己培养的第一位博士。1984 年 9 月 14 日,《浙江日报》头版头条做了《浙江大学培养出第一个博士》的报道,浙江电台、《光明日报》和《文汇报》等多家媒体也做了相关报道。

浙江大学首次博士论文答辩(1984)

龚晓南做博士论文答辩(1984)

潘秋元、钱家欢、汪闻韶、卢肇钧、龚晓南、王启东、
曾国熙和学校研究生院领导(前排右起)(1984)

博士研究生阶段性研究成果《软粘土地基上一种油罐基础的构造及地基固结分析》,入选《中国土木工程学会第四届土力学及基础工程学术会议论文选集》(中国建筑工业出版社,1986);经学会评选,编入《第十一届国际土力学及基础工程会议论文集》(1985:291);刊于《浙江大学学报》(1987,21(3):67-78),获1989年浙江省自然科学优秀论文一等奖,被EI收录。浙江大学博士学位论文《油罐软粘土地基性状》主要内容与导师曾国熙教授联名发表于《岩土工程学报》(1985,7(4):1-11)。经评选,编入 Selected Papers from the Chinese Journal of Geotechnical Engineering(《岩土工程学报论文集》,ASCE,1985),供国际交流;论文详细摘要刊于 Dissertation Abstract International(《国际学位论文文摘》)。论文《油罐软粘土地基性状》获《岩土工程学报》成立十周年优秀论文奖。

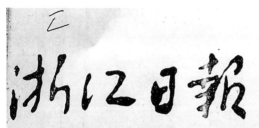

《浙江日报》报道：浙江大学培养出第一个博士（1984）

主要学术贡献

龚晓南教授长期从事土力学及岩土工程教学、理论研究和工程实践。主要研究方向:软黏土工程、地基处理及复合地基技术、基坑工程、岩土工程施工环境效应与对策、既有建筑物地基加固与纠倾技术和土工计算机分析等。

龚晓南教授坚持理论研究和工程应用相结合,积极发展岩土工程理论和技术,主持和参与完成了十几个省市的建筑工程、高速公路、机场、围海工程等软土地基处理咨询与设计项目,主持杭州大剧院等数十项基坑工程设计项目,主持绍兴和启东等地数十个基础工程事故处理项目,解决了许多技术难题。

40多年来,开设了土塑性力学等六门研究生课程。至2024年8月,已培养硕士104名,博士93名,博士后26名;已发表论文900多篇,出版著作、教材和工程手册等80多部;已获国家、省部级科技和教学成果奖20多项。2002年被授予茅以升土力学及基础工程大奖,2007年被推选为《岩土工程学报》黄文熙讲座人,2011年当选中国工程院院士。领衔的"复合地基理论、关键技术及工程应用"获2018年度国家科学技术进步奖一等奖,领衔的"'大土木'教育理念下土木工程卓越人才'贯通融合'培养体系创建与实践"获2018年高等教育国家级教学成果奖二等奖。编著的教材《地基处理(第二版)》2021年获首届全国教材建设奖·全国优秀教材(高等教育类)二等奖。领衔的"软弱地基深大基坑支护关键技术及工程应用"获 2022 年度浙江省科学技术进步奖一等奖。获 2022 年度何梁何利基金科学与技术进步奖·工程建设技术奖。

龚晓南教授为我国工程建设和岩土工程学科发展以及岩土工程高级工程技术人才培养做出了杰出的贡献,创造了巨大的社会效益和经济效益。主要学术贡献如下。

一、创建复合地基理论,推动形成复合地基技术工程应用体系

在完成多项科学研究和工程实践项目的基础上,龚晓南教授于 1992 年出版复合地基领域的首部专著《复合地基》,首次构建了复合地基理论框架,提出复合地基的定义、形成条件和分类方法,建立了系统的复合地基承载力、沉降、稳定和抗震分析方法,由此立下复合地基发展的第一个里程碑,引领和支撑了复合地基技术的研发及工程应用。通过试验研究和数值分析,揭示了基础刚度对复合地基工作性状的影响机理,发展了路堤和堆载作用下复合地基设计方法,将复合地基应用从建筑工程拓展到交通工程等领域。紧密结合工程实践,2002 年、2007 年和 2018 年分别出版《复合地基理论及工程应用》第一版、第二版和第三版,不断发展和完善复合地基理论内涵。2003 年主编出版《复合地基设计和施工指南》,2008 年主持完成浙江省工程建设标准《复合地基技术规程》(DB33/1051—2008)的制定,2012 年主持完成国家标准《复合地基技术规范》(GB/T 50783—2012)的制定,促进形成较为完整的复合地基技术工程应用体系。

经中国引文数据库检索,龚晓南教授出版的著作《复合地基理论及工程应用》《复合地基》《复合地基设计和施工指南》在"复合地基"领域的他引著作排序中分别排名第 1、第 3 和第 4。发表的论文《21 世纪岩土工程发展展望》《地基处理技术发展综述》《广义复合地基理论及工程应用》《刚性基础与柔性基础下复合地基模型试验对比研究》《长短桩复合地基有限元法分析及设计计算方法探讨》在"复合地基"领域的论文引频排序中分别排名第 1、第 2、第 4、第 7 和第 12。

采用复合地基技术,可以较为充分地利用天然地基的承载能力来控制变形。复合地基现已成为与浅基础和桩基础并列的第三种土木工程常用基础形式,已产生巨大的经济效益和社会效益。复合地基理论的创建,促进了基础工程学的发展,具有重大科学意义。"复合地基"现已成为土木工程类本科生和研究生教材、基础工程类著作、工程设计手册和指南的重要章节,已成为土木工程类本科生和研究生教学的重要内容,在行业人才培养中发挥着重要作用。研究成果促使我国复合地基理论和技术一直处于国际领先地位。领衔的"复合地基理论、关键技术及工程应用"获 2018 年度国家科学技术进步奖一等奖。

二、研发地基处理新技术,发展地基处理理论,引领地基处理领域的科技发展

自 1978 年师从著名地基处理专家曾国熙教授开始,龚晓南教授长期从事软黏土力学、地基处理理论和技术应用研究。在试验研究的基础上发展了一组非线性弹性系数方程,较早将 Biot 固结有限元法应用于软土地基固结分析。研究成果在第五届国际岩土力学数值分析方法会议(名古屋,1985)的报告中得到介绍。长期从事深层搅拌法、强夯和强夯置换法、排水固结法、电渗加固和软土固化剂等多种地基处理技术研究。1991 年结合具体工程,通过室内外试验和数值分析,深入研究了水泥土桩的荷载传递规律,分析了柔性桩荷载传递特性,探讨了水泥土桩临界桩长。通过试验,研究分析了强夯法和真空预压法加固地基的有效深度。自制仪器,通过室内试验,研究电渗加固软土机理,得到了电渗加固应辅以压密等重要结论,相关结论对发展电渗加固地基有重要指导意义。1997 年出版《地基处理新技术》,担任《地基处理手册》(1988)编委会秘书,负责具体组织工作,并参加总论的编写;2000 年、2008 年分别主编出版《地基处理手册》第二版和第三版。1990 年创办期刊《地基处理》,担任主编。在 2019 年《地基处理》获批公开发行后,继续担任主编。紧密结合工程实践,撰写"一题一议"数十篇,为工程建设服务,得到业界好评。主编的浙江省工程建设标准《静钻根植桩基础技术规程》(DB33/T 1134—2017) 于 2017 年发布;主编的浙江省工程建设标准《淤泥固化土地基技术规程》(DB33/T 1223—2020) 于 2020 年发布。

经中国引文数据库检索,龚晓南教授主编出版的著作《地基处理手册》在"地基处理"领域的他引著作排序中排名第 1。发表的论文《真空预压加固软土地基机理探讨》《地基处理技术发展综述》《广义复合地基理论及工程应用》在"地基处理"领域的论文引频排序中分别排名第 2、第 3 和第 6。

龚晓南教授主持和参与完成了十几个省市的交通工程、建筑工程、机场工程、围海工程等软土地基处理咨询与设计项目,主持杭州、绍兴、嘉兴和启东等地数十个基础工程事故处理项目,解决了许多技术难题,主持的多项重大工程的软土地基处理成为行业范例。他是我国地基处理领域被业界高度认同的学术带头人。

三、建立基坑工程按变形控制设计方法,研发基坑工程环境保护技术和基坑围护新技术,不断解决基坑工程发展中遇到的技术难题,促进基坑围护设计水平的不断提高,引领基坑工程领域技术发展

龚晓南教授长期从事基坑工程环境影响和控制方法研究,揭示了软土地基基坑变形空间分布规律,提出了基坑工程按变形控制设计理念,建立了基坑工程按变形控制设计方法,突破了基坑工程变形控制技术瓶颈。提出了合理确定土钉支护临界高度,基于根据土钉支护临界高度确定其适用范围的理念,发展了土钉支护设计理论和方法,有效促进了土钉支护技术的健康发展。结合钱塘江第一条过江隧道建设,主持深层承压水控制科研项目研究,揭示了深层承压水减压的环境效应特性,提高了基坑工程深层承压水控制技术水平。在基坑工程空间效应、蠕变效应、环境影响控制和地下水控制等方面取得了一系列创新成果。建立了基坑工程环境影响分析理论,发展了基坑工程环境保护技术。1998 年主编出版《深基坑工程设计施工手册》,2006 年发起并主编系列《基坑工程实例》,2018 年主编出版《深基坑工程设计施工手册(第二版)》,2024 年主编出版《深基坑工程设计施工手册(第三版)》。研发了高效节能基坑围护新技术,以满足工程建设需求。发展了"深埋重力-门架式围护结构""基坑围护桩兼作工程桩与地下室墙挡土结构""预压力钢拱基坑支护结构"等多项围护新技术,这些技术在工程中得到广泛应用。

为推动可回收锚杆技术的应用和发展,自 2018 年起组织召开第一至第四届全国可回收锚杆技术研讨会,并发起成立了全国锚杆回收技术与产业联盟(筹)。2019 年组织全国专家编写中国工程建设标准化协会标准《可回收锚杆应用技术规程》(T/CECS 999—2022),该标准于 2022 年 7 月 1 日开始实施;2021 年组织编写浙江省工程建设标准《可回收预应力锚杆应用技术规程》(DBJ33/T 1310—2023),该标准于 2024 年 5 月 1 日开始实施。通过一系列的技术交流、研讨和相关规程编制,有力地推动和规范了我国可回收锚杆技术的发展。

经中国引文数据库检索,龚晓南教授主编出版的著作《深基坑工程设计施工手册》在"基坑工程"领域的他引著作排序中排名第 3。发表的论文《深基坑工程的空间性状分析》《基坑工程变形性状研究》《关于基坑工程的几点思考》在"基坑工程"领域的论文引频排序中分别排名第 1、第 4 和第 10。

随着城市化和地下空间开发利用的进展,龚晓南教授结合工程建设需要,较好地解决了基坑工程发展中出现的问题。开展了基坑工程系列创新技术研究,主持杭州大剧院等数十项基坑工程设计项目,促进了基坑围护设计水平的不断提高,引领基坑工程领域技术发展。

四、潜心岩土工程教育,教育教学成效斐然

龚晓南自 1981 年硕士研究生毕业留校任教以来,长期潜心岩土工程教育。在岩土工程研究生教学中,重视教书育人,勤奋耕耘。为了不断提高高级技术人才培养质量,相继开设了高等土力学、土塑性力学、工程材料本构方程、计算土力学、地基处理技术和广义复合地基理论等六门研究生课程,编著和组织出版了相应的教材,得到广泛应用和好评。1996 年出版的《高等土力学》是我国第一部高等土力学研究生教材,被许多高等学校采用。将本构理论、滑移线场理论和极限分析法在土工中的应用融为一体,1990 年出版《土塑性力学》,促进了塑性理论的工程应用。《土塑性力学》成为许多高校研究生教材或参考书,1999 年出版第二版,1998 年被译成韩文出版。在担任土木工程学系系主任期间(1994—1999 年),在全国率先组织制订"大土木"培养计划。领衔的"'大土木'教育理念下土木工程卓越人才'贯通融合'培养体系创建与实践"获 2018 年高等教育国家级教学成果奖二等奖。2017 年出版的《地基处理(第二版)》2021 年获首届全国教材建设奖·全国优秀教材(高等教育类)二等奖。

主持中国土木工程学会土力学及岩土工程分会地基处理学术委员会和中国建筑学会建筑施工分会基坑工程专业委员会工作,除定期主持学术讨论会外,还根据工程建设发展需要,组织"深层搅拌法设计与施工"(1993)、"复合地基理论与实践"(1996)、"高速公路软弱地基处理理论与实践"(1998)和"高速公路地基处理理论与实践"(2005)等专项学术讨论会,发起并主编《基坑工程实例》(2006、2008、2010、2012、2014、2016、2018、2020、2022、2024),推动岩土工程理论和技术水平不断提高。应邀在北京、上海、香港、台湾等地以及国外做岩土工程理论和工程应用报告。主编出版的《海洋土木工程概论》和《岩土工程变形控制设计理论与实践》有力推动了新学科、新理论的发展。自 2017 年起,发

起和组织"岩土工程西湖论坛"。2017 年的主题为"岩土工程测试技术",2018 年的主题为"岩土工程变形控制设计理论与实践",2019 年的主题为"地基处理新技术、新进展",2020 年的主题为"岩土工程地下水控制理论、技术和工程实践",2021 年的主题为"岩土工程计算与分析",2022 年的主题为"海洋岩土工程",2023 年的主题为"城市地下工程中的岩土工程技术新进展",与会议主题同名的会议论文集由龚晓南教授主编,均在中国建筑工业出版社出版。2024 年的主题为"交通工程中岩土工程技术新进展",正在积极组织中。"岩土工程西湖论坛"推动、引领了岩土工程理论和技术的发展,赢得了业界好评。

龚晓南教授长期潜心岩土工程教育,重视岩土工程学科建设,重视发展岩土工程新技术,重视教书育人,勤奋耕耘,为岩土工程高级工程技术人才培养做出了杰出的贡献。2023 年,浙江大学教育基金会龚晓南教育基金成立,其中设立了岩土工程及地下空间开发科学和技术进步奖、科学和技术进步青年奖以及《地基处理》优秀论文奖等奖项。

我与岩土工程教育

1981 年硕士研究生毕业后,我留校成为浙江大学土木工程学系土工教研室的一名教师。除 1986 年 12 月至 1988 年 4 月到德国卡尔斯鲁厄大学作为洪堡学者从事研究工作外,一直在浙江大学工作。其中,1982 年 3 月至 1984 年 9 月,在浙江大学在职攻读岩土工程博士学位。

在岩土工程教育方面,我主要介绍岩土工程专业研究生培养和管理、岩土工程研究生教育和岩土工程专业教材建设等三方面情况。与岩土工程教育有关的其他内容,如创办期刊《地基处理》、出版岩土工程相关著作,以及推广和普及岩土工程科学技术等,将在本书其他部分中介绍。下面对上述三方面内容分别作简要介绍。

一、岩土工程专业研究生培养和管理

"文革"前,我国只在少数高校招收研究生,数量很少,历史上浙江大学岩土工程学科只毕业了两名研究生。1978 年,我国高校恢复研究生培养制度,浙江大学一届就招收了大约 150 名硕士研究生,其中土木工程学系 10 人,岩土工程学科 3 人。1980 年冬,国家通过学位条例,并批准公布了第一批硕士和博士研究生培养学科和学位授予学科,以及第一批博士研究生导师名单。浙江大学岩土工程学科为博士研究生培养学科之一,曾国熙教授为第一批博士研究生导师之一。学位条例通过后,国务院授予 1978 年入学的研究生毕业生硕士学位。具有博士研究生培养资格的学科从 1982 年开始招收博士研究生。与"文革"前相比,研究生规模扩大很多,研究生培养计划建设和管理亟须发展、加强、完善。

我从 1981 年硕士研究生毕业留校任教开始,特别是 1988 年从德国回校后,直至 2004 年卸任浙江大学岩土工程研究所副所长,一直负责浙江大学岩土工程学科研究生培养和管理工作。

在研究生培养和管理工作中,研究生招生考试和录取、研究生培养计划、课程设置、学位论文送审、学位论文答辩等各项工作都有发展、完善,都取得了很大进步。以课程设置为例,初期不是很规范,后来从学年制发展为学分制,从统一设置发展为学生自主选择,研究生课程设置日益合理、规范。研究生招生录取程序改变也不小。原来只有考试录取,现在还有推荐录取;原来只有在取得硕士学位后才能报考博士研究生,现在有直博生,还有硕士研究生中途转为博士研究生。总之,从无到有,从少到多,要做的、能做的工作很多。我很有幸,参与了这一过程,并尽了自己的责任,付出了努力。

在研究生培养和管理工作上,各校各有特点。浙江大学岩土工程学科几十年来一直比较重视对外开放、加强交流,包括国内外、校内外、学科之间、年级之间以及不同导师、同学之间的交流。重视邀请校外专家来学校做讲座,召开各种类型的学术交流活动。1985 年,我们邀请同济大学、河海大学、南京水利科学研究院、空军工程学院等单位的专家来浙江大学共同研讨研究生教育。1992 年,创建并承办首届全国岩土力学与工程青年工作者学术讨论会。我们还充分利用浙江大学学科多、研究生人数多的优势,促进研究生相互之间的交流。

二、岩土工程研究生教育

我在留校任教后主要从事研究生教育,本科教学任务承担很少。在本科生教育方面,我于担任系主任期间在土木工程专业开设土木工程概论课程,主讲过土木工程概论中的岩土工程部分内容,还指导过少数几名本科生的毕业论文。下面主要介绍岩土工程研究生教育,主要分研究生教学情况和指导研究生情况两方面。

　　我在 1981 年留校任教后即参与研究生高等土力学教学,不久开设土塑性力学课程,1985 年后相继开设工程材料本构方程、地基处理技术、广义复合地基理论和土工计算机分析等研究生课程,前后讲授六门研究生课。这期间还开设过博士研究生讨论班,以讨论为主。随着浙江大学岩土工程学科师资队伍的加强,我逐渐减少承担的研究生课程,从一开始承担高等土力学全部课程,到近几年只承担高等土力学的总论部分。在总论部分,我跟学生讨论土力学与岩土工程、土力学发展史、太沙基(Terzaghi)与土力学、岩土工程的基本问题、岩土工程学科特点和研究方法、岩土工程发展态势、杂志与学会等内容。

　　我在 1984 年获得博士学位后即作为副导师协助导师曾国熙教授指导研究生。我指导的第一名硕士研究生于 1987 年毕业,学位论文为《土的各向异性及其对条形基础承载力的影响》;指导的第一名博士研究生于 1991 年毕业,学位论文为《柔性桩的沉降(位移)特性及荷载传递规律》。我于 1988 年受聘为浙江大学教授,1993 年被国务院学位委员会聘为岩土工程博士研究生导师。至 2024 年 8 月,已培养岩土工程硕士 104 名,岩土工程博士 93 名。

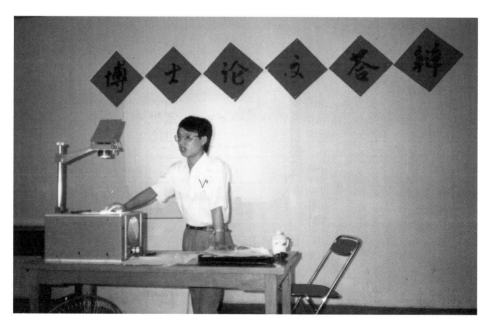

指导的第一名博士研究生论文答辩(1991)

参加第二届华东岩土工程学术会议(庐山)时与博士研究生合影(1992)

与在校研究生合影(1996)

与在校研究生合影（1998）

与在校研究生合影（2006）

与毕业的博士合影（2007）

与在校研究生合影（2011）

培养硕士研究生 100 名,与毕业学生张晓笛和王雪松合影(2022)

在第 100 位硕士研究生答辩会上发言(2022)

学校要求指导教师在研究生入学后制订学生的选课计划。我通常会先了解学生本科学习情况，并询问学生读研毕业后的计划（如毕业后是计划去工程单位工作、去高校从教，还是打算去国外继续深造），给学生提几条建议，让学生自己选择。一年后，选择学位论文研究方向时，我也会结合学生毕业后的去向选择，给出几个方向供学生参考。我在当选中国工程院院士前，社会活动相对较少，每周会举行一次导师与学生的学术讨论会，以学生汇报论文进展为主；近几年参加社会活动比较频繁，到外地出差较多，但一个学期也会举行两三次讨论会。

在我读博士研究生时，苏步青先生在浙江大学图书馆做讲座，有一段话给我留下了深刻印象。苏步青先生说："有人问我指导过多少学生，我说我叫苏步青，我的学生数不清。有人讲全国的数学研究所所长大部分是我的学生，有人说名师出高徒，我说是高徒出名师。还有人问我如何指导博士研究生。我认为作为导师，重要的是要能告诉学生，哪些方向可以去研究，有可能取得研究成果。至于研究内容，我作为导师也是不懂的。我如果懂，就不需要他去研究。至于如何研究，如果我清楚，我自己研究就好了。在他研究的方向上，他比我懂得多，我要向他学习。"

我的导师曾国熙先生在如何指导研究生上也曾多次教导我们。他说，学生一进校，就要让学生严格要求自己，努力学习；平时也要经常提醒学生严格要求自己，努力学习；最后毕业时，不要为难学生。

苏步青先生和曾国熙先生的这些教导对我影响较大。指导研究生最重要的是帮助学生选择较好的研究方向，尽量给学生创造较好的研究条件，有意识地、尽可能多地发挥学生的潜能。

三、岩土工程专业教材建设

在给岩土工程硕士研究生开设土塑性力学课程时，我总结自己读研究生期间阅读该领域文献的心得体会，编写了油印本讲义《土塑性力学》。这本油印本讲义曾得到同济大学郑大同教授很高的评价，他建议正式出版，并建议增加内蕴时间塑性理论有关内容。我听取了他的意见，做了修改补充，《土塑性力学》一书于1990年在浙江大学出版社出版。出版后,该书被广泛引用,许多大学将其用作研究生教材。周镜院士曾评价说,该书把塑性力学和土力学结合起来,效果很好,促进了塑性力学在岩土工程中的应用。该书于 1998 年被译成韩文,由欧美书馆出版。1999年在浙江大学出版社出版第二版。

同济大学郑大同教授来信(1985)

《土塑性力学》不同版本

1985 年冬，我们邀请同济大学、河海大学、空军工程学院、南京水利科学研究院等单位在浙江大学举办岩土工程研究生教学和学术讨论会。会议期间，我约请南京水利科学研究院沈珠江研究员、同济大学朱百里教授共同编写《计算土力学》一书，并进行了分工，请沈珠江研究员提出全书架构，我负责联系出版社及具体组织工作。会后我联系中国建筑工业出版社和浙江大学出版社都不成功，他们要求先有讲义，才能考虑出版。一次我到上海基础公司出差，曹茗保老师特意从同济大学到基础公司找我。他说听朱百里老师讲我们要组织编写《计算土力学》一书，希望自己也能够参与编写。我当即表示欢迎，并通报了组织工作进程，告诉他尚未找到出版社。他说他有个同学在上海科技出版社，他去联系。后来他告诉我上海科技出版社可以给我们出版。不久，我获洪堡奖学金，1986 年底去德国学习工作一年多。因当时通信困难，我委托李明逵老师代表浙江大学参与编写组织工作，我就没有继续参与编写组织工作了。按原计划，我们负责编著《计算土力学》中固结分析法和反分析法在土工中应用两章。应该说，这两部分内容我们有一定的优势：我的硕士和博士论文的主要内容都是软黏土地基固结分析；我已指导粘精斌于1988 年完成硕士学位论文《反分析确定土层的模型参数》，并已在国内外发表数篇有关岩土工程中反分析法应用的论文。

"本构模型"是我到浙江大学读研究生后才接受的新概念，特别是在博士研究生阶段，我阅读了大量国内外有关本构理论和各种本构模型的文献。留校任教后，我开设了本构模型的研究生课程。当时学生学习缺少参考书，我便邀请当时在江西理工大学（在赣州）的叶黔元教授（清华大学校友）和同事徐日庆副教授共同编写《工程材料本构方程》一书，于 1995 年在中国建

《工程材料本构方程》(1995)

筑工业出版社出版。该书出版后得到金问鲁等许多前辈的好评,获 2000 年浙江省优秀教学成果奖二等奖,被许多学校用作教材,对普及土木工程本构理论和本构模型起了很好的作用。

我的导师曾国熙先生退休后,一直由他主讲的研究生必修课高等土力学由我主讲。我主讲几年后,于 1996 年在浙江大学出版社出版了研究生教材《高等土力学》。由于这是国内第一本高等土力学研究生教材,许多学校也将其用作教材。七年以后,国内其他几所学校才相继出版了几本高等土力学研究生教材。该书出版后,曾多次重印。随着时间推移,重印少了,有的学校

《高等土力学》(1996)

买不到,就自己胶印、内部使用,用的还是 1996 年的版本。2010 年,一个兄弟学校负责研究生教育的领导对我说:"我们学校研究生课程高等土力学教材还是用你写的,不好意思,因为从出版社买不到书,我们一直自己胶印,内部使用。"我听了很感动。我自己觉得,1996 版的《高等土力学》写得不是很好,但能受人欢迎应该还是因为它有自己的特点:简明扼要、概念清楚、通俗易懂。我已经开始编写《高等土力学》第二版,但不知什么时候能够完成并出版发行。

我对我组织编写出版的《土工计算机分析》一书感到比较满意。从开始策划到出版,花了五年多时间。随着计算机技术和数值计算技术的发展,土工计算机分析发展得很好,我在这个领域也花了不少的精力,当时对我国在该领域的发展也比较熟悉。全书规划 14 章。其中,绪论,有限差分法,有限单元法,动力分析,结构、基础与

《土工计算机分析》(2000)

地基共同作用分析,滑移线场数值解,反分析法等7章,由我、我的师弟和学生谢康和,以及周健、徐日庆、伏建林等编写;岩土力学中常用的其他数值方法请东北大学王泳嘉教授编写;边坡稳定分析和极限分析数值方法请中国水利水电科学研究院陈祖煜研究员负责编写;随机有限元法及其应用通过浙江大学力学系院士请他在美国的学生任永坚博士编写;知识工程和专家系统在岩土工程中的应用请北京勘察研究院张在明研究员等负责编写;AutoCAD在土工中应用请清华大学陈轮教授编写;计算机仿真技术在岩土工程中应用请同济大学周希圣等负责编写。《土工计算机分析》出版后获2002年浙江省教育厅优秀科技成果奖二等奖。在该书编写过程中,我认识了王泳嘉教授,并成为好朋友。我曾多次邀请王教授来浙江大学岩土学科介绍他的研究成果。该书的编写者实力很强,其中有三位已成为中国工程院和中国科学院院士。最近有人评论说:"你主编的《土工计算机分析》影响很好,能否出第二版?"我说让我组织第二版,力不从心了。一是近年来我在该领域花的精力较少,对土工计算机分析领域的发展前沿缺乏了解;二是对各分支的领军人物也缺乏了解。要主编一本有影响的书不容易。

2021年,浙江大学滨海和城市岩土工程研究中心常务副主任周建教授组织岩土工程研究中心与浙江大学出版社合作出版一套岩土工程研究生教材。我组织编写基础工程原理部分,全书分12章:绪论、基础工程设计原则、工程勘察和土的工程性质、土质改良和地基处理技术、浅基础、复合地基、桩基础、特殊土地基基础工程、基础减震与隔震、基坑工程、既有建筑物地基加固和纠

《基础工程原理》(2023)

倾技术、既有建筑物迁移技术。我写 3 章,其他 9 章邀请我的学生——浙江大学的俞建霖、周佳锦,东南大学的童小东,杭州市岩土工程勘察研究院的岑仰润,厦门大学的陈东霞,浙江工业大学的王哲,广州大学的宋金良,浙江科技大学的陶燕丽,以及浙江理工大学的刘念武——参与编写。从章的设置可看出该书的特点:重视基础工程设计原则;突出浅基础、复合地基和桩基础是常用基础工程形式。

除研究生教材外,我还主编了下述土木工程专业本科教材。

《土力学》,龚晓南主编(2002),中国建筑工业出版社。

《地基处理》,龚晓南编著(2005)(高校土木工程专业指导委员会规划推荐教材),中国建筑工业出版社。

《基础工程》,龚晓南主编(2008)(高校土木工程专业规划教材),中国建筑工业出版社。

普通高等教育土建学科专业"十五"规划教材

高校土木工程
专业指导委员会规划推荐教材

地基处理

浙江大学 龚晓南 编著
同济大学 叶书麟 主审

中国建筑工业出版社
CHINA ARCHITECTURE & BUILDING PRESS

《地基处理》(2005)

《土力学》,龚晓南、谢康和主编(2014)(高等院校卓越计划系列丛书),中国建筑工业出版社。

《基础工程》,龚晓南、谢康和主编(2015)(高等院校卓越计划系列丛书),中国建筑工业出版社。

《海洋土木工程概论》,龚晓南主编(2016),中国建筑工业出版社。在《海洋土木工程概论》中首次提出海洋土木工程概念,介绍海洋土木工程学科框架和基本内容。

《地基处理(第二版)》,龚晓南、陶燕丽编著(2017)(高校土木工程专业指导委员会规划推荐教材),中国建筑工业出版社。2021 年 10 月获首届全国优秀教材建设奖·全国优秀教材(高等教育类)二等奖。

我与复合地基理论

20 世纪 60 年代,国外有人将采用碎石桩加固的地基称为复合地基。改革开放以后,我国引进碎石桩等多种地基处理新技术,同时也引进了复合地基的概念。1988 年我从德国回来后,根据工程建设需要和自己的工作积累,在听取同事们的意见后,决定调整自己的主要研究方向,将复合地基理论和工程应用作为自己的研究重点。1989 年,我申请到浙江省自然科学基金项目"复合地基承载力和变形计算理论研究"(1990—1992)和国家自然科学基金项目"柔性桩复合地基承载力和变形计算与上部结构共同作用研究"(1990—1992),开始深入开展复合地基理论和工程应用研究。

其间,位于天津的化工部第一建筑设计院将在宁波郊区新建的两个化工厂的软土地基处理工程委托给我们。地基处理方案、设计计算由我们承担,施工由我们的合作单位绍兴有色勘测公司完成。我们建议采用水泥搅拌桩复合地基处理,并结合工程做了较系统的现场试验,取得了不少科研成果。在《岩土工程学报》上发表的论文《水泥搅拌桩的荷载传递规律》的引用量至今仍居高位。我结合该工程实际,指导完成了三篇博士学位论文。

1990 年参加中国建筑学会在承德举办的复合地基学术讨论会,给我的帮助和触动很大。我从会上了解到,水泥搅拌桩和碎石桩在地基加固工程中应用发展很快,小桩加固建筑地基也得到应用,但相应的地基加固理论研究远落后于工程实践,许多问题有待解决。一位资深研究员在会议闭幕式上的发言对我震动很大。他说："开了三天复合地基学术讨论会,有谁能告诉我什么是复合地基? 什么是复合地基的定义?"会上没有人能回答。当时确实找不到复合地基的定义。于是,我决心来回答这个问题。回校第二天就去图书馆找参考书,但只有复合材料力学参考书,没有复合地基方面的书,在地基基础类书中也没有复合地基的章节。我借了几本不同版本的复合材料力学参考书,书中有多层复合板、加筋复合板,还有复合梁和柱的分析,其基本理论难以应用于复合地基分析。思考几天后,我想:既然找不到复合地基的定义,我也可以试试给出复合地基的定义;没有复合地基理论,我也可以试试建立复合地基理论。后来我给出的复合地基定义中的"基体"和"加筋体"用词源自复合材料力学参考书。

我在总结多项地基处理工程实践、现场试验和理论分析研究的基础上,于 1991 年在《地基处理》杂志上连载论文《复合地基引论》,第一次给出复合地基定义、分类、设计计算方法等,并于 1992 年进一步加以系统完善,出版了第一部复合地基专著《复合地基》(浙江大学出版社,1992)。我在书中将复合地基定义为:"天然地基在地基处理过程中部分土体得到增强,或被置换,或在天然地基中设置加筋材料,加固区由基体和增强体两部分组成的人工地基"。专著《复合地基》创建了复合地基理论

《复合地基引论》刊于《地基处理》杂志
(1991)

框架,为复合地基理论和技术的发展奠定了基础,被誉为复合地基发展的第一个里程碑。

《复合地基》(1992)

1992 年，我在全国第三届地基处理学术讨论会（秦皇岛）上做了主题报告"复合地基理论概论"。会后，同济大学叶书麟教授等向我表示祝贺，主题报告得到大家的好评。

在全国第三届地基处理学术讨论会上做主题报告(1992)

我认为,随着复合地基在工程建设中推广应用的发展,其含义也有一个发展演变的过程。在初期,复合地基主要是指在天然地基中设置碎石桩而形成的碎石桩复合地基。那时人们的注意力主要集中在碎石桩复合地基的应用和研究上。国内外学者发表了许多关于碎石桩复合地基承载力和沉降计算的研究成果。随着深层搅拌法和高压喷射注浆法在地基处理中推广应用,人们开始重视水泥土桩复合地基的研究。碎石桩和水泥土桩两者的主要差别在于:前者桩体材料碎石为散体材料,后者桩体材料水泥土为黏结体材料。因此,碎石桩是一种散体材料桩,而水泥土桩是一种黏结材料桩。研究表明,在荷载作用下,散体材料桩与黏结材料桩两者的荷载传递机理有较大的差别,散体材料桩的承载力主要取决于桩侧土的侧限力,而黏结材料桩的承载力主要取决于桩侧土的摩阻力和桩端阻力。随着水泥土桩复合地基的推广应用,复合地基的概念由散体材料桩复合地基概念逐步扩展到包括黏结材料桩复合地基在内的复合地基概念。后来,混凝土桩复合地基也在工程中得到应用。混凝土桩的桩体刚度比较大,人们注意到复合地基中桩体的刚度大小对桩的荷载传递性状有较大影响,于是又将黏结材料桩按刚度大小分为柔性桩和刚性桩两大类,提出了柔性桩复合地基和刚性桩复合地基的概念。这样一来,复合地基概念得到进一步拓宽。为了提高桩体的受力性能,多种形式的组合桩技术得以发展。随着加筋土地基在工程建设中的广泛应用,又出现了水平向增强体复合地基的概念。将竖向增强体与水平向增强体组合应用,可形成双向增强复合地基技术。随着复合地基技术的发展,复合地基概念也在不断发展中。

在复合地基发展过程中,对于什么是复合地基,或者说哪些地基基础形式可以称为复合地基,我国学术界和工程界是有不同意见的。一种意见认为,各类砂石桩复合地基和各类水泥土桩复合地基属于复合地基,其他形式不能称为复合地基;另一种意见认为,桩体与基础不相连接时是复合地基,相连接时就不是复合地基,至于桩体是柔性桩还是刚性桩并不重要;还有一种意见认为,是否属于复合地基跟桩体的刚度大小、桩体与基础是否连接均无关系,应视其在工作状态下,能否保证桩和桩间土共同承担荷载。我认为,复合地基的概念存在狭义和广义之分。上述第一种意见是狭义的复合地基概念,最狭义的复合地基概念只认为砂石桩复合地基等散体材料桩复合地基属于复合地基,其他形式均不应称为复合地基,这是最初的复合地基概念;上述第三种意见是广义的复合地基概念。从发展趋势看,复合地基的概念在被不断拓展。广义复合地基概念侧重于从荷载传递机理来揭示复合地基的本质。我在国内外第一部复合地基著作《复合地基》(浙江大学出版社,1992)中提出了基于广义复合地基概念的复合地基定义和复合地基理论框架,它们经过多年的发展,已被学术界和工程界普遍接受。

我在 1993 年申请到国家自然科学基金项目"复合地基计算理论研究",1996 年前指导完成博士学位论文《柔性桩的沉降(位移)特性及荷载传递规律》《水泥土的应力应变关系及搅拌桩破坏特性研究》《柔性桩复合地基的数值分析》和《有限里兹单元法及其在桩基和复合地基中的应用》,指导完成硕士学位论文《圆形水池结构与复合地基共同作用分析》《单桩及群桩的沉降特性研究》《水泥土力学特性和复合地基变形计算研究》和《二灰混凝土桩复合地基性状试验研究》;发表论文主要有《水泥土桩复合地基固结分析》《水泥土应力应变关系的试验研究》《水泥搅拌桩的荷载传递规律》《圆形水池结构与地基共同作用探讨》《"双灰"低强度混凝土桩复合地基的工程特性》《复合地基计算理论研究》《形成竖向增强体复合地基的条件》等。我系统地研究了复合地基荷载传递机理和位移场特性,建立了考虑桩土相对刚度的复合地基承载力和沉降分析理论,为复合地基的工程设计和应用提供了关键的理论支撑;建立了不同桩型复合地基承载力和沉降设计计算方法,为复合地基从理论走向工程应用铺平道路。1994 年发表的《水泥搅拌桩的荷载传递规律》一文在复合地基领域中他引排名第一。

我在 1993 年指导完成的硕士学位论文《水泥土力学特性和复合地基变形计算研究》,在均质地基条件下,基于复合地基在荷载作用下产生的位移场分析,发现复合地基的沉降压缩量主要发生在复合地基加固区下卧层。当加固区下卧层土质较好,或加固区下卧层中软弱土层较薄时,复合地基沉降量较小。为了减小复合地基的沉降量,增加复合地基置换率没有增加加固深度效果好。这一研究成果成为复合地基优化设计理论发展的重要技术支撑。

1996 年,我发起在浙江大学召开中国土木工程学会土力学及基础工程学会地基处理学术委员会复合地基理论和实践学术讨论会,总结成绩、交流经验,共同探讨复合地基理论和工程应用发展中的问题,促进了复合地基处理理论和实践水平进一步提高。会议论文集《复合地基理论与实践》(龚晓南主编,浙江大学出版社,1996)较全面地总结了复合地基理论与实

《复合地基理论与实践》(1996)

践在我国的发展。该书定价 80 元,我们觉得出版社把书价定得比较高,但会议还未结束,书已销售一空,可见人们对复合地基技术的迫切需求。

1998 年发表的论文《桩体复合地基柔性垫层效用研究》被美国 CICSC(柯尔比科学文化信息中心)收录并上网推广。

1998 年,我应邀在上海科技论坛做主题报告,在报告中指出复合地基已与浅基础和桩基础成为三种常用的地基基础形式,并且分析了浅基础、桩基础和复合地基三种地基基础的荷载传递路线以及复合地基与浅基础和桩基础的关系,丰富和发展了基础工程理论。

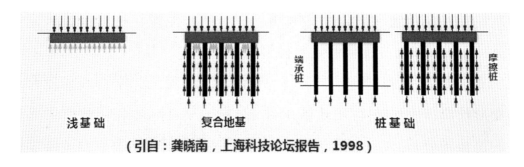

（引自：龚晓南，上海科技论坛报告，1998）

土木工程三种基本的基础形式

在上海科技论坛做主题报告(1998)

1998 年 11 月,我发起的由中国土木工程学会土力学及基础工程学会地基处理学术委员会、中国公路学会道路工程分会和江苏省高速公路建设指挥部共同主办的全国高速公路软弱地基处理学术讨论会在江苏无锡召开。会上有人报告了采用水泥搅拌桩复合地基加固软土路基失败的一个工程案例,引起了大家的注意。我初步思考后认为,可能是设计单位高估了加固后地基的稳定性。当时采用复合地基加固建筑地基已经有较多的经验,但加固道路路基的工程实践并不多。会后,我组织几位博士研究生采用现场试验和数值分析等多种手段开展基础刚度对复合地基承载力和变形特性研究。之后,指导完成《不同刚度基础下复合地基性状》《路堤荷载下复合地基沉降计算方法研究》等博士学位论文,发表《刚性基础与柔性基础下复合地基模型试验对比研究》《刚性垫层复合地基的特性研究》《考虑共同作用的复合地基沉降计算》《基础刚度对复合地基性状的影响》等论文。研究成果表明,基础刚度对复合地基性状有较大影响。将刚性基础下复合地基承载力和沉降计算方法应用到填土路堤下的复合地基设计,复合地基实际承载力比设计值小,实际产生的沉降值比设计值大,若处理不好,还可能发生失稳破坏。将刚性基础下复合地基承载力和沉降计算方法应用到填土路堤下的复合地基承载力和沉降计算是偏不安全的。同时提出,在采用桩体复合地基加固路堤地基工程时,一定要重视设置刚度较大的垫层,没有设置刚度较大的垫层的桩体复合地基在加固路堤地基工程中应慎用。

我们的研究成果揭示了基础刚度对复合地基工作性状的影响机理,建立了路堤下复合地基分析理论,将复合地基应用由建筑工程成功拓展至公路铁路等领域。为了及时总结复合地基领域的新进展,我继 1992 年在浙江大学出版社出版专著《复合地基》后,于 2002 年、2007 年和 2018 年在中国建筑工业出版社分别出版《复合地基理论及工程应用》第一版、第二版和第三版,不断完善复合地基理论和总结复合地基新技术。

| (1992) | (2002) | (2007) | (2018) |

复合地基领域成果

2003 年,我应人民交通出版社约请,出版《复合地基设计和施工指南》一书,有力促进了复合地基理论的工程应用。2007 年,我被提名做黄文熙讲座,讲座主题为"复合地基理论及工程应用"。主编的浙江省工程建设标准《复合地基技术规程》(DB33/1051—2008)于 2008 年发布实施。其中的 4.2.12 指出,为增加水泥搅拌桩单桩承载力,可在水泥搅拌桩

《复合地基设计和施工指南》(2003)

中插设预制钢筋混凝土桩,形成加筋水泥土桩。加筋水泥土桩载力通过现场单桩载荷试验确定。这是最早采用规程形式肯定了加筋水泥土桩的应用。2002 年发表《长短桩复合地基沉降计算方法探讨》《长短桩复合地基设计计算方法的探讨》等论文。主编的中华人民共和国行业标准《刚-柔性桩复合地基技术规程》(JGJ/T 210—2010)于 2010 年发布实施。2009 年 9 月召开编制《复合地基技术规范》的筹备会议;2009 年 10 月召开第一次编委会,讨论《复合地基技术规范》的编写原则、章节设置、编写人员分工和编写计划安排;2010 年 5 月召开第二次编委会,讨论规范征求意见稿;2010 年 10 月召开第三次编委会,讨论规范送审稿;2011 年 5 月在杭州召开规范专家审查会,形成规范审查会议纪要;2011 年 10 月上交报批稿。2012 年 10 月 11 日,中华人民共和国国家标准《复合地基技术规范》(GB/T 50783—2012)发布,自 12 月 1 日起实施。在编写复合地基相关标准的过程中,我们强调复合地基的形成条件,明确指出复合地基增强体采用刚性桩时应是摩擦型桩,路堤下复合地基应设置刚度较好的水平填层。

40 多年来,复合地基理论和工程应用一直是我的研究重点。我指导完成了复合地基博士论文 22 篇和硕士论文 21 篇,发表论文 98 篇,研究成果极大地提升了复合地基的工作性能,拓展了工程应用领域。在全国各地完成多项工程设计和咨询,在国内多地做复合地基理论和工程应用讲座,多次举办复合地基理论和工程应用学习班,推广和普及复合地基技术,引领和推动了复合地基理论和技术的发展,有力促进了复合地基应用水平的提高。复合地基已成为一种常用的地基基础形式,在我国已形成较为成熟的技术应用体系。

理论研究
第一部专著(1992)

设计施工指南
第一部指南(2003)

技术标准
- 第一部国家标准(2012)
- 第一部地方标准(2008)

工程应用
- 第一条高铁：京津城际铁路
- 一次性建成的最长高铁
- 第一条拓宽的高速公路

引领和推动了复合地基理论和技术的发展

自1991年起，我对复合地基的研究一直处于领先地位，研究成果促使我国复合地基理论和技术始终处于国际领先地位。"复合地基"内容现已成为基础工程类著作、工程设计手册和指南的重要章节，被纳入高等教育国家级规划教材、土木工程研究生系列教材。复合地基理论已成为土木工程类本科生和研究生教学的重要内容，在行业人才培养中发挥着重要作用。

获国家科学技术进步奖一等奖(2018)

61

我领衔的"复合地基理论、关键技术及工程应用"获 2018 年度国家科学技术进步奖一等奖。

国家科学技术奖励大会（2019）

我与基坑工程技术

"我与基坑工程技术"部分首先介绍我完成的几项具有代表性的基坑工程项目,其次介绍我与我的学生共同研发的几项基坑围护新技术和在基坑工程领域的理论贡献,接着介绍主编《基坑工程设计施工手册》的情况,然后介绍主持全国基坑工程研讨会和主编《基坑工程实例》系列的情况,最后介绍促进可回收锚杆技术发展和应用的情况。从中可了解我如何步入基坑工程领域,以及如何通过不断努力学习,丰富自己的认识,促进基坑围护技术水平的提高,引领基坑工程领域技术发展的过程。

一、介绍几项具体的基坑工程

(一)主持完成浙江大学完成的第一个基坑围护设计

随着我国城市化发展进程的加快,基坑工程成为我国工程建设的热门领域。我是这样步入基坑工程领域的。大约在 1990 年左右,在厦门外资公司工作的一位浙江大学校友将厦门的一个基坑围护工程介绍委托给我们设计。在这以前,我们没有做过基坑围护设计,也没听说在杭州有谁做过基坑围护设计。国内没有规范,也没有基坑围护设计手册可参考。在这种情况下,我组织了一个由几位教授、年轻教师和博士研究生组成的设计组,一边调查,一边学习,一边讨论,完成了围护设计。这是由浙江大学岩土工程学科完成的第一个基坑围护设计,可能也是由杭州工程技术人员完成的第一个基坑围护设计。

（二）庆春路扩改建工程中的基坑工程

20世纪90年代初,杭州市开始改扩建原有街道,庆春路是杭州市的第一条改扩建街道,两边都是高层,都有地下室。有一批基坑工程需要设计施工,当时有能力进行基坑围护结构设计的单位很少,应该说我们是主力。我与同事带着博士研究生和硕士研究生完成了一批基坑工程设计,博士研究生和硕士研究生的研究方向也围绕基坑工程,那时发表的有关基坑工程的论文至今引用率排名稳居前茅。基坑围护形式主要是排桩支护,止水采用水泥搅拌桩形成的水泥土墙。庆春路改扩建工程培养了一批从事基坑工程设计施工的工程技术人员,不少人如今已经成为该领域的权威专家。庆春路扩改建工程有力促进了杭州市基坑工程设计施工技术水平的提高。

（三）温州国贸大厦基坑工程

温州国贸大厦于1995年开工,项目位于温州市黎明东路与车站大道交叉口的东南角,原温州市轻工化工公司院内。该项目地上29层,地下2层,基坑开挖深度约7.0m,地基土质为温州地区典型的深厚淤泥。基坑周边环境条件复杂:北侧紧贴5层的轻工化工公司展销楼,南侧临近河道,东侧为车站大道,西侧有邻近建筑物需保护。因此,须严格控制基坑开挖过程中的围护结构变形。

综合考虑基坑的开挖深度、环境条件和地基土质条件,该基坑围护体系采用内撑式排桩墙支护结构,具体做法如下:

（1）排桩墙采用700@1000钻孔灌注桩形成,临近河道侧为防止基坑整体向河道产生漂移,局部设置双排桩门架,前后排桩间距为2.0m;

（2）基坑大部分区域设一道混凝土内支撑,临近轻工化工公司展销楼区域局部再增设一道混凝土内支撑,以加强变形控制;

（3）基坑被动区土体采用水泥搅拌桩进行加固,以增大被动土压力,减小围护结构变形;

（4）基坑南侧临近河道,采用 3 排水泥搅拌桩相互搭接形成止水帷幕,其余三侧采用 2 排水泥搅拌桩形成防渗和防挤土帷幕。

采取上述支护措施后,基坑开挖引起的支护结构最大水平位移仅 18mm,周边建筑物也未出现开裂和倾斜等现象。该基坑的顺利实施为复杂环境条件下深厚软土地基中深基坑支护结构的设计和施工提供了良好借鉴。

（四）杭州大剧院基坑工程

2001 年开工的杭州大剧院为杭州市重点工程,其中包括 1600 席剧场、600 席音乐厅、400 席多功能厅以及露天剧场各一座以及展厅和动力设备辅助房。杭州大剧院基坑为当时杭州最深的基坑工程,也是钱江新城的第一个深基坑工程。项目位于杭州市区东部的四季青乡境内,基坑周边环境条件较好,四周比较开阔,周围无相邻建筑物和重要管线,东侧距离钱塘江约 200m。该基坑主要由歌剧院、动力房、露天剧场以及连接通道组成,基坑南北向和东西向长度均为 200m 左右。歌剧院区基坑开挖深度为 5.9～18.9m,其中台仓区开挖深度为 16.1m 和 18.9m;动力房区基坑开挖深度为 6.1m 和 12.7m;露天剧场区基坑开挖深度为 7.1m;连接通道区基坑开挖深度为 8.1m。基坑开挖深度影响范围内地基土质主要为填土、粉土及粉砂。

根据"安全、经济、方便施工"的原则,经多方案对比分析,最终采用放坡开挖、土钉墙与内撑式排桩墙围护结构相结合的围护方案。其中开挖深度在 10m 以下区域,根据场地条件不同,采用放坡或土钉墙方案;台仓和动力机房开挖深度为 12.7～18.9m,即使采用深井也难以保证地下水位降到基坑底以下,因此在围护结构上部采用放坡开挖或土钉墙,下部采用内撑式排桩墙与高压旋喷桩止水帷幕相结合的围护形式。

该基坑工程成功的关键在于降水。根据场地水文地质条件,在动力房和台仓区域的基坑外采用轻型井点降水,在基坑内采用深井降水;其余区域基坑内外均采用轻型井点降水。

建成后的杭州大剧院

采用上述基坑围护方案,杭州大剧院基坑工程得到顺利实施,基坑围护结构最大位移均控制在 5cm 以内,并取得了很好的经济效益和社会效益。

(五)杭州河滨公寓基坑工程

杭州河滨公寓于 2002 年开工,由四幢 11～15 层小高层公寓组成,设 2 层地下室,基坑开挖深度 9.4m。项目位于杭州市下城区东河沿线以东,基坑东面距离建国北路约 17m,南侧为空地,西侧距离东河 22～32m,北面距离一栋 7 层住宅楼约 35m。基坑开挖深度影响范围内地基土质主要为填土、粉土和粉砂。

考虑到基坑周边环境条件尚可,采用了土钉墙结合局部放坡开挖的围护方案,该方案具有经济性好、施工方便、施工工期短、降水到位后安全可靠等优点。该基坑工程成功的关键在于降水。场地西面为东河,在基坑降水过程中可能会存在一定水源补给,给降水工作带来困难。但考虑到一方面东河位于基坑降水影响范围（据估算，降水影响半径约37m）的边缘，另一方面东河河床底淤泥较厚，会大大减缓河水的补给速度，因此确定在基坑四周和基坑内采用轻型井点进行降水，其中基坑周边采用三级轻型井点降水。

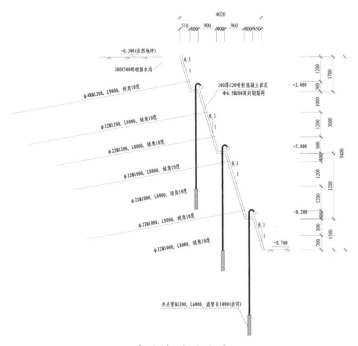

基坑典型剖面图

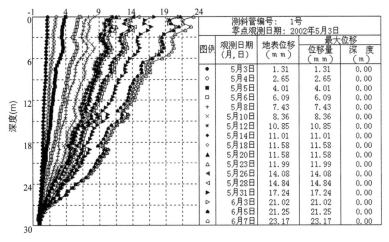

典型深层土体水平位移曲线

该基坑开挖后,围护结构的最大水平位移为 8.45~56.11mm,基坑周长约 510m,围护结构造价仅为 308 万元,而另两家围护结构设计投标单位采用内撑式排桩墙结合高压旋喷桩止水帷幕方案的造价分别为 800 万元和 1200 万元。这充分说明,该基坑围护设计方案既保证了安全性,又取得了很好的经济效益。

(六)钱塘江第一个过江隧道工程

杭州庆春路过江隧道工程是钱塘江下的第一个隧道工程,其工作具有较大的开拓意义和辐射效应。最大挖深达 30m 的盾构工作井在整个工程中有着非常重要的意义。钱塘江古河道承压水具有水位高、水量大、分布复杂的特点。临江开挖如此深的基坑,而且在承压水地基中,这在浙江省是第一次,国内外经验也不多。经多次讨论分析,杭州市庆春路过江隧道工程建设指挥部决定结合庆春路过江隧道工作井工程,立项开展高承压水地基深基坑工程关键技术及环境效应研究,并请我主持该项目。项目组由我们与杭州市庆春路过江隧道工程建设指挥部、中铁第四勘察设计院集团有限公司和上海隧道工程股份有限公司等单位组成。

我们通过大量的调查研究和综合分析,对钱塘江古河道的形成与变迁以及杭州地区钱塘江古河道的形成原因、形态特征和分布规律做了系统深入的研究,较好地掌握了杭州地区古河道承压含水层的分布情况、承压含水层的区域特性;同时,对上海、武汉、北京、天津等地的承压含水层特性做了调查,比较分析了这五个城市的承压含水层埋深、厚度、水位、顶板厚度等特性,总结了上述城市典型的工程实例及承压水处理方法,为杭州庆春路过江隧道工程设计和施工提供依据。

我们通过降压抽水试验研究,分析了钱塘江古河道承压含水层抽水降压的规律;结合其他深基坑工程的设计施工状况,系统地提出了杭州地区承压水深基坑处理的原则及措施。此外,研究分析了上覆土层厚度、上覆土层弹性模量、承压水水头降深和承压层导水系数对沉降的影响;结合承压水降压引起的环境效应的研究和基坑工程降水引起的环境效应的研究,提出了承压水地基基坑工程降水引起的环境效应的防治措施。

杭州庆春路过江隧道施工现场

研究成果对杭州庆春路过江隧道工程设计和施工提供了技术支撑,并可为后续多条钱塘江过江隧道工程设计和施工提供参考。

二、基坑围护新技术

(一)深埋重力-门架式围护结构

传统的水泥土重力式围护结构通过加固基坑周边土体形成一定厚度的重力式挡墙以达到挡土目的,但由于水泥土抗拉强度低、弹性模量小,传统的水泥土重力式围护结构只适用于较浅的基坑工程,且往往变形较大。门架式围护结构通过两排平行的钢筋混凝土桩以及桩顶的压顶梁和联系梁形成空间结构,具有较大的侧向刚度,但在软土地基中变形控制仍然比较困难。

1999年,我们研发了深埋重力-门架式围护结构。对门架式围护结构前后排桩间土体采用水泥土进行加固,使灌注桩和水泥土形成一个共同作用的整体,从而大大提高围护结构的刚度、抗变形能力和抗弯能力。此围护结构结合了水泥土重力式围护结构和门架式围护结构的优点,且埋置深度往往较大,为软土地基中在悬臂状态下进行较深基坑的开挖创造了条件;同时还可与内支撑体系相结合,在支撑层数相同的情况下,其围护深度可大大超过普通内撑式围护结构。另外,水泥土加固区的存在,使得围护结构具有较好的止水性能,可不必另行设止水帷幕。因此,该围护结构形式具有施工方便、经济性好、尤其适合于大面积基坑应用等优点。

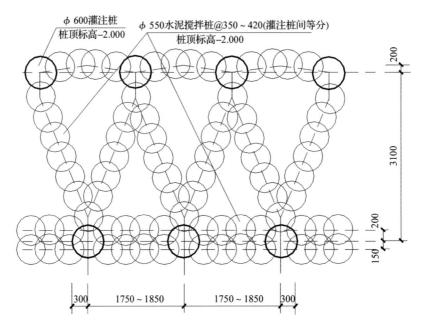

深埋重力-门架式围护结构(单位:mm)

深埋重力-门架式围护结构在杭州耀江广场、绍兴汇银国际大厦等大面积基坑工程中得到了成功应用,大大降低了工程造价,缩短了施工工期。该技术获2001年度浙江省科学技术进步奖。

绍兴汇银国际大厦开挖现场

（二）基坑围护桩兼作工程桩与地下室墙挡土（一桩三用）

在传统的地下工程建设中，基坑围护通常是一种辅助的临时工程，一旦地下工程建设完成，围护桩墙均属辅助设施应予以报废或拆除。如果能使造价昂贵的围护桩墙在地下工程建设完成后继续起作用，将临时的围护桩墙与永久的地下工程相结合，可大幅降低地下工程建设的投入。

1997 年，我们研发了地下工程建设中的"一桩三用"技术。该技术将作为临时辅助的基坑围护桩墙与永久的地下工程外围结构相结合，起到了三个作用：一是在地下工程开挖围护阶段，基坑围护桩起到围护作用；二是在地下工程施工完成后，基坑围护桩又用作地下工程周边的承压或抗浮工程桩；三是在地下工程施工完成后，基坑围护桩作为地下工程外墙的组成部分，共同抵御水土侧压力和人防水平荷载。如此"一桩三用"，大幅节约了地下工程造价。

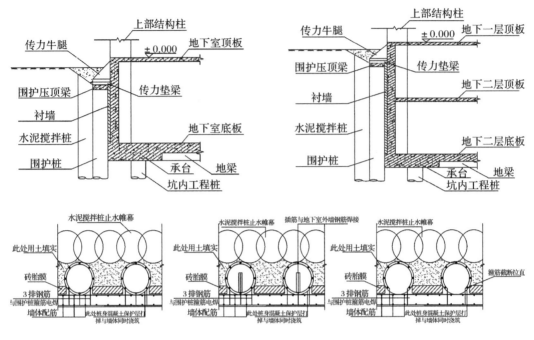

"一桩三用"技术

采用"一桩三用"技术还有如下好处:一是围护桩墙与地下工程外墙紧贴,取消了约1m的预留施工操作空间,在许多旧城区狭窄场地的地下工程施工中意义重大;二是取消了约1m的预留施工操作空间,这也意味着省去了地下工程一周1m宽土体的开挖运出和今后的运回填实费用;三是取消了约1m的预留施工操作空间,地下室外墙与围护桩墙之间不存在永久回填的透水层,临时的围护桩墙止水和永久地下室外墙止水形成一体,更利于防水;四是围护桩墙与地下工程外墙浇筑形成整体,已施工的围护桩将对后浇筑的地下室外墙混凝土收缩产生约束,密排的围护桩阻止了混凝土固化收缩引起地下室外墙产生的裂缝(这种通缝在地下外墙中很常见)。

"一桩三用"技术获2002年度浙江省科学技术进步奖、杭州市科学技术进步奖。获省级施工工法和国家发明专利。

（三）浆囊袋锚杆

在软土地基中,软黏土自身强度较低,常规锚杆抗拔力小,同时注浆可控性差,施工质量难以保证,这些因素大大限制了其使用范围。

为了改进上述问题,我们于2008年研发了浆囊袋锚杆。其工艺原理是在传统的锚杆施工方法基础上,在钻机成孔后置入浆囊袋,并在浆囊袋内进行扩孔注浆,从而形成大直径土层锚杆,扩孔后一般直径可达250～300mm。注浆浆液的扩散受浆囊袋制约,因此能够保证浆液在可控范围(浆囊袋)内扩散。因软土强度低,浆囊袋可以在土体中以预定的形状进行扩大,通常可以做成圆柱状或糖葫芦状注浆体,其直径可以扩大至成孔直径的一倍以上,同时锚杆的直径有保证(即为浆囊袋直径)。

浆囊袋锚杆工艺具有如下特点:

(1)采用加浆囊袋工艺,实现注浆的可控性,保证锚杆的施工质量;

(2)通过扩孔注浆增大锚杆的直径,提高锚杆的抗拔力;

(3)具有施工工艺简便、锚杆抗拔力大、施工质量易控制、经济性好等优点;

(4)特别适合在软土地基基坑工程使用。

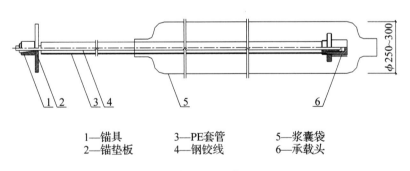

1—锚具　　　　3—PE套管　　　　5—浆囊袋
2—锚垫板　　　4—钢铰线　　　　6—承载头

浆囊袋锚杆构造(单位:mm)

浆囊袋锚杆的研发为软土地基中拉锚式围护结构的应用创造了条件,显著提高了基坑的安全性和经济性,并在杭州景上公寓、上郡公寓等软土地基基坑支护工程中得到成功应用。该技术获2012年度浙江省科学技术进步奖。

浆囊袋锚杆开挖现场

（四）工型混凝土预制桩水泥土连续墙

随着我国城市建设的发展,基坑围护成为岩土工程中的热门领域,但面对大量出现的围护工程,相应的围护桩墙技术十分有限。2005年,我们研发了基坑围护工程中的工型混凝土预制桩水泥土连续墙技术及配套的大型多功能植桩机。利用该多功能植桩机的强力三轴搅拌功能,搅拌形成水泥土连续止水墙;利用起吊功能,可在挖机辅助下将工型混凝土预制桩吊装到位;利用静压和激振功能,可将预制桩植入,水泥土凝结后即形成工型混凝土预制桩水泥土连续墙。工型混凝土预制桩截面高分为600mm、800mm和1000mm三种,其采用高强度预应力钢棒配筋,采用C50以上砼,用蒸汽养护,进行工厂化生产,质量可靠,生产速度快(三天可拆模起吊);桩身刚度大,抗弯强度高,而且截面积小,预制构件重量轻,便于运输和起吊植入,造价低。

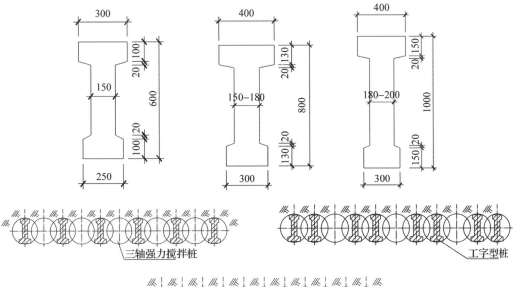

工型混凝土预制桩水泥土连续墙(单位:mm)

施工现场

　　工型混凝土预制桩水泥土连续墙与钻孔灌注桩墙相比,具有围护成本低(节约25%的围护桩墙造价)、工序简单、施工效率高(提高工效约10倍)、无泥浆外运等优点,是绿色环保低碳排的围护技术。该技术首先提出了植入混凝土桩理念,荣获7项国家专利和4项科技奖,获省级和国家级工法,且在近300个基坑工程中得到应用。由浙江大学、浙江省建筑设计研究院和浙江南联科技发展有限公司主编的浙江省工程建设标准《工型混凝土预制桩芯水泥土连续墙技术规程》(DB33/T 1208—2020)于2020年发布实施。

（五）预压力钢拱基坑支护结构

十多年前，我国基坑工程大多采用钢筋混凝土支撑。少数单位引进拥有韩国知识产权的鱼腹梁钢支撑技术。钢支撑具有施工工期短、可重复使用、成本低等优点。为了发展我国具有自主独立知识产权的钢支撑技术，杭州东通基坑工程有限公司委托我们组织研发基坑工程钢支撑技术。我邀请浙江大学钢结构专家童根树教授和浙江省建筑设计研究院刘兴旺教授级高级工程师参加研发。童根树教授研发了预应力钢拱基坑支护结构新技术，并很快在杭州一基坑工程中得到应用，效果很好！同时，我们申请了发明专利（童根树，龚晓南，刘兴旺.预压力钢拱基坑支护结构.2013-10-30.CN201310335655.X）。这可能是我国具有自主独立知识产权的第一项钢支撑技术。预应力钢拱基坑支护结构采用专业化生产施工，加工、安装精度要求高，其中每道支撑均由数根型钢组合而成，所有的连接均为高强螺栓，现场无焊接。刚性连接超静定结构刚度大、冗余性高；可施加预应力，并可根据现场情况调整，大部分构件都可循环使用；土方开挖及外运空间较大。

施工现场

在杭州一基坑工程中得到成功应用后,预应力钢拱基坑支护结构技术很快在浙江、云南、江西等地得到推广应用。该技术本身也不断得到发展和提高,并有力推动了基坑工程钢支撑技术的发展。

三、基坑工程领域的理论贡献

在基坑工程领域的理论贡献主要可分为以下几个方面。

(一)土钉墙围护技术

就土钉支护的原理、计算模型、地下水处理、适用范围、环境效应、土钉支护设计等方面开展较深入研究,研究成果促进了土钉和复合土钉支护的工程应用水平的提高。

土钉通常采用钻孔、插筋、注浆等技术在土层中设置,或直接将杆件插入土层中。土钉一般设置较密,类似于加筋,通过提高复合土体抗剪强度,以维持和提高土坡的稳定性。

采用土钉墙计算模型和边坡锚固稳定计算模型分析土钉支护,在一般情况下分析结果是一致的。当存在软弱土层,土钉支护存在极限深度时,采用土钉墙计算模型可得到极限深度,而采用边坡锚固稳定计算模型难以得到极限深度,在应用时应予以注意。采用边坡锚固稳定计算模型进行土钉支护设计时,应验算基坑底部土层的承载力是否满足要求,土钉加固土层和非加固土层界面上的抗滑移性能是否满足要求。

支护设计中一定要重视地下水处理。土钉支护失败的很多工程实例归因于未能有效处理地下水。

土钉支护适用范围应从规定各种土层极限支护深度考虑,而不宜按土类规定能否使用。不能简单说软黏土地基中不能应用土钉和土钉墙支护,在满足小于极限支护深度的条件下,软黏土地基可采用土钉支护。这一意见既有力促进了土钉支护在软黏土地基中的应用,又保证了安全性,取得了良好的社会效益和经济效益。

土钉支护设计应采用概念设计方法。根据具体工程的工程地质和水文地质条件、周边环境情况,因地制宜,进行合理设计。

(二)按变形控制基坑工程设计理论

这方面的理论研究一是提出根据基坑围护结构变形允许量来确定基坑围护设计控制的原则,二是按变形控制要求进行基坑围护设计。

基坑工程挖土卸载和地下水位降低可能对周围的市政道路、地下管线或建(构)筑物产生不良作用,严重时会影响其正常使用。有的基坑周围空旷,市政道路、地下管线、周围建(构)筑物在基坑工程影响范围以外,可以允许基坑周围地基土体产生较大的变形;而有的基坑紧邻市政道路、地下管线、周围建(构)筑物,不允许基坑周围地基土体产生较大的变形。基坑围护设计控制原则为:前者可以按稳定控制设计,后者则必须按变形控制设计。只需要按稳定控制设计时,若按变形控制设计,可能在经济上造成较大浪费;而需要按变形控制设计时,若只按稳定控制设计,则可能对周围环境产生不良影响,甚至造成工程事故。

基坑工程按变形控制设计时,变形控制量应根据基坑周围环境条件确定,应以基坑变形对周围市政道路、地下管线、建(构)筑物不会产生不良影响,不会影响其正常使用为标准,而不是要求基坑围护变形愈小愈好,也不宜简单地规定一个变形允许值。

在基坑工程围护结构设计中,由于作为荷载的土压力大小变化与位移有关,应加强基坑围护变形计算方法和基坑围护按变形控制设计的理论与方法的研究。一个优秀的基坑围护设计一定要因地制宜,从而决定采用按稳定控制设计还是按变形控制设计。

(三)基坑工程围护优化设计

我曾多次指出,基坑工程围护优化设计的第一层面是基坑围护方案的合理选用,第二层面是选定合理的基坑围护方案后对具体设计方案的优化。基坑围护方案的合理选用在基坑工程围护设计中特别重要。

基坑工程的区域性和综合性都很强,具有较强的时空效应。基坑围护形式很多,每一种围护形式都有其优点和缺点,都有一定的适用范围。应根据工程地质和水文地质条件、基坑开挖深度和周边环境条件,因地制宜,具体工程具体分析,选用合理的围护形式。

在选用合理的围护形式时,应抓住该基坑围护中的主要矛盾,尤其是要认真分析基坑围护的主要矛盾是稳定问题还是控制变形问题,基坑工程产生稳定和变形问题的主要原因是土压力问题还是地下水控制的问题。

在基坑工程围护优化设计中,除了应重视基坑围护方案的合理选用之外,还应重视具体设计方案的优化。在具体设计方案的优化方面,还有较大的发展空间。

(四)基坑工程地下水控制

我曾多次指出基坑工程地下水控制的重要性。我认为,基坑工程地下水控制和基坑工程环境影响控制是基坑工程的两大关键技术难题,要给予充分重视。在基坑工程影响范围内存在承压水层,或地基土体渗透性好且地下水位高的情况下,地下水控制往往是基坑围护设计中的主要矛盾。对已有基坑工程事故原因的调查分析表明,因未处理好地下水的控制问题而发生的工程事故在基坑工程事故中占有很大比例。

在设计地下水控制体系之前,应详细掌握工程地质和水文地质条件,掌握地基中各层土体的渗透性、地下水分布情况,若有承压水层,应掌握其水位、流量和补给情况;通过对土层成因、地貌单元的调查,掌握地基中地下水分布特性。详细掌握工程地质和水文地质条件是合理进行基坑工程地下水控制的基础。

控制地下水主要有两种思路:止水和降水。有时也可以采用止水和降水相结合的方式。在控制地下水时采用止水还是降水需要综合分析方能决定。有条件降水的,就尽量不用止水;一定要采用止水措施时,要尽量降低基坑内外的水头差。形成完全不透水的止水帷幕的施工成本较高,而且较难做到。

当基坑较深时,经常会遇到承压水,地下水控制问题就更加复杂。控制承压水有两种思路:止水帷幕隔断和抽水降压。具体使用何种方法同样需要综合分析确定。在分析中应综合考虑承压水层的特性,如土层特性、承压水头、水量及补给情况,还应考虑承压水层上覆不透水土层的厚度及特性,分析止水帷幕隔断的可能性和抽水降压可能产生的环境效应。

另外,基坑周围地下水管的漏水也会酿成工程事故。为了避免该类事故发生,需要详细了解地下管线分布,认真分析基坑变形对地下管线的影响,并且做好监测工作。

在冻土地区,要充分重视冻融对边坡稳定的影响。冻前挖土形成的稳定边坡,在冻土期表现稳定,而在冻融后发生失稳,此类事故已多次见诸报道,应予重视。

(五)基坑工程环境影响分析理论和环境保护体系

早在 20 世纪末,我就与同济大学孙钧院士(中国科学院学部委员)合作承担国家自然科学基金重点项目“受施工扰动影响的土体环境稳定理论和控制方法”。我们侧重研究基坑工程施工和桩基工程施工的影响,同济大学和北京交通大学侧重研究隧道工程施工的影响。项目研究成果于 2003 年获教育部提名国家科学技术奖一等奖。

近三十年来,我一直坚持该领域的研究工作。我们在 1999 年发表的论文《深基坑工程的空间性状分析》至今是基坑工程领域被引频次最高的论文,2001 年发表的论文《软土地基深基坑周围地下管线保护措施的数值模拟》和《基坑工程地下水回灌系统的设计与应用技术研究》被引频次也很高。在该领域被引频次高的论文还有《基坑工程变形性状研究》(2002)、《软土地基深基坑工程邻近柔性接口地下管线的性状分析》（2003）、《关于基坑工程的几点思考》（2005）、《基坑工程发展中应重视的几个问题》（2006）。研究成果"软土地基基坑工程环境效应和控制方法"获 2003 年度浙江省科学技术进步奖，"基坑降水的环境效应及防治方法研究"获 2006 年度浙江省科学技术进步奖。

三十多年的努力，有力促进了基坑工程环境影响分析理论的发展和环境保护技术水平的不断提高。

四、主编《深基坑工程设计施工手册》

20 世纪 90 年代初，高层、超高层建筑及城市地下空间利用的发展促进了基坑工程设计和施工技术的进步。各种基坑工程围护形式、设计计算方法、施工技术、监测手段以及基坑工程理论在我国都得到了长足的发展。基坑工程综合性强，是系统工程。由于其复杂性较高，再加上设计、施工不当，各地工程事故常有发生。为了总结基坑工程设计施工方面的经验，

《深基坑工程设计施工手册》
（1998）

满足基坑工程发展的需要，1995 年，中国建筑工业出版社约请福建建工集团组织编写《深基坑工程设计施工手册》（以下简称《手册》）。福建省建筑科学研究院龚一鸣院长代表福建建工集团邀请我担任主编，具体组织编写《手册》。一开始我没有答应，我说福州大学岩土工程学科负责人高有潮教授比较合适，我可以参与编写。高有潮教授是从浙江大学调到福州大学的，是我的导师曾国熙先生的同事，是我的师辈老教授。龚一鸣院长详细向我介绍了他们的前期工作和集体商量的意见，再三说明请我担任主编也是高有潮教授的意见。盛情难却，我接受了邀请。我请高有潮教授担任副主编，请徐少曼、龚一鸣、潘秋元、林元坤、马时冬、张俊晃和杨清龙组成核心组，并邀请北京、上海、南京、杭州、武汉、福州、

厦门、深圳、广州等地从事科研、教学、设计、施工的 28 名专家组成《手册》编委会,共同组织编写该手册。编委会召集人为张俊晃和杨清龙。1996 年 3 月 15 日,我们在福州召开第一次编委会,讨论了《手册》的编写原则,拟定了章节目录,确定了各章第一编写人,并决定邀请中国科学院学部委员、时任铁道部科学研究院研究员卢肇钧和浙江大学曾国熙教授担任《手册》编委会顾问。1996 年 8 月 7 日至 9 日,我们在福州召开第二次编委会,各章第一编写人报告了编写大纲和内容提要。会上对各章相互关系做了初步协调。为了使《手册》能反映各地的经验,我们决定在全国范围邀请深基坑工程专家担任各章审阅人,并邀请各地专家参加《手册》工程实例的编写。1997 年 5 月 15 日至 16 日,我们在福州召开第三次编委会,各章第一编写人提交了初稿,并报告了主要内容以及审阅人意见。会上协调了各章内容,并要求各章根据编委会意见再次修改。1997 年 11 月 16 日至 18 日,我们在浙江大学召开了《手册》统编审稿会,参会的有南京水利科学研究院魏汝龙,浙江省建筑设计研究院施祖元,浙江省机械化公司章履远,浙江大学龚晓南、潘秋元、俞建霖,以及中国建筑工业出版社常燕。会上确定对各章重复内容进行删减和合并,对部分章节内容进行补充。会后由我组织统编定稿。

《手册》共分 15 章,分别为总论、设计计算理论与分析方法、放坡开挖基坑工程、悬臂式围护结构、水泥土重力式围护结构、内撑式围护结构、拉锚式围护结构、土钉墙、围护结构的其他形式、深基坑工程施工、地下连续墙技术、逆作法技术、深基坑工程环境效应与对策、深基坑工程监测和控制、动态设计及信息化施工技术。书后附有索引。《手册》力求将工程技术人员正在应用的各种基坑工程围护技术、设计计算方法、基坑工程施工技术介绍给读者,供读者在基坑工程设计施工时参考。

我在《手册》中强调,基坑工程十分复杂,影响因素很多。基坑工程设计计算理论尚不成熟,正在发展之中。基坑工程没有统一的设计计算方法,正在应用的计算方法很多,较多的是经验方法。事实上,《手册》编写人员对基坑工程设计计算理论的认识并不是一致的,特别是工程实例所采用的计算方法往往反映个人经验和地区经验,读者更应注意,不能简单搬用。

1998 年,《深基坑工程设计施工手册》由中国建筑工业出版社出版发行。《手册》在出版后得到了工程界和学术界的广泛好评。

随着城市建设的不断发展,高层、超高层建筑日益增多,地铁车站、铁路客站、明挖隧道、市政广场、桥梁基础等各类大型工程不断涌现。地下空间应用的发展,推动了基坑工程理论与技术水平的高速发展。围护结构形式、地下水控制技术、围护结构计算理论、基坑监测技术、信息化施工技术、环境保护技术等方面都得到了大力发展,技术水平显著提高。2014 年,为了总结近些年来基坑工程设计施工方面的经验,适应新的发展需要,我们在第一版《深基坑工程设计施工手册》的基础上组织编写《深基坑工程设计施工手册(第二版)》。主编为龚晓南,副主编为侯伟生,编委会秘书为应宏伟。

第二版《手册》力求将我国工程技术人员正在应用的各种基坑工程围护形式、设计计算方法、基坑工程地下水控制技术、基坑工程施工技术介绍给读者,供读者在基坑工程设计施工时参考。第二版《手册》比第一版增添了不少新的内容,多设了 6 章,共 21 章,分别为总论、设计计算理论与分析方法、放坡开挖基坑工程、悬臂式支挡结构、水泥土重力式围护结构、内撑式围护结构、拉锚式围护结构、土钉及复合土钉支护、冻

《深基坑工程设计施工手册(第二版)》(2018)

结法围护结构、其他形式围护结构、围护墙的一墙多用技术、基坑工程地下水控制技术、地下连续墙技术、加筋水泥土墙技术、渠式切割水泥土连续墙技术（TRD 工法）、咬合桩支护技术、基坑工程土方开挖、逆作法技术、深基坑工程监测、深基坑工程环境效应与对策、动态设计及信息化施工技术。

2018 年，《深基坑工程设计施工手册（第二版）》由中国建筑工业出版社出版发行。该手册在出版后得到了工程界和学术界的广泛好评。

近年来，随着我国城市化进程不断推进，地下空间开发应用发展很快，推动了基坑工程技术水平的高速发展。为了总结近些年来基坑工程设计、施工、监测、控制方面的经验，2022 年，我们着手在《深基坑工程设计施工手册（第二版）》的基础上组织编写《深基坑工程设计施工手册（第三版）》。主编为龚晓南，副主编为侯伟生、俞建霖。

第三版《手册》共 20 章，分别为总论、设计计算理论与分析方法、放坡开挖基坑工程、土钉及复合土钉支护、护墙的类型与适用范围、水泥土重力式围护结构、悬臂式围护结构、内撑式围护结构、拉锚式围护结构、冻结法围护结构、其他形式围护结构、地下连续墙技术、水泥土连续墙及加筋水泥土墙技术、排桩墙的一墙多用技术、基坑逆作技术、基坑工程地下水控制技术、基坑工程土方开挖、基坑工程环境效应与控制技术、基坑工程监测技术、基坑动态设计及信息化施工技术。目前，第三版《手册》已完成编写，已交中国建筑工业出版社，将在 2024 年出版发行。

五、主持全国基坑工程研讨会和主编《基坑工程实例》系列

1992 年邓小平南方谈话加速了我国改革开放的进程，国民经济持续高速发展，工程建设规模持续增长，城市建设中深基坑工程日益增多，相应的基坑支护技术迅猛发展。为了适应基坑工程发展需要，1997 年 9 月，清华大学陈肇元院士发起成立中国建筑学会建筑施工分会基坑工程专业委员会，挂靠清华大学土木工程系。

中国建筑学会建筑施工分会基坑工程专业委员会首届委员会由钱七虎院士任主任委员,时任建设部总工程师许溶烈任顾问,清华大学陈肇元、北京交通大学唐业清、北京城建设计研究院王新杰、同济大学杨林德、广东省建筑工程总公司陈家辉和我任副主任委员,清华大学宋二祥任秘书长。

基坑工程研讨会至今已召开12届,分别在山东济南(1997)、浙江温州(2000)、广东广州(2004)、上海(2006)、天津(2008)、福建厦门(2010)、广东深圳(2012)、湖北武汉(2014)、河南郑州(2016)、甘肃兰州(2018)、四川成都(2020)、江西南昌(2022)等地举办。第十三届全国基坑工程研讨会将在山东济南(2024)举办。第二届基坑工程研讨会与第六届全国地基处理学术讨论会于2000年在温州联合举办,会议由陈肇元院士和我共同主持,会议论文审查组织工作由我负责。在第三届基坑工程研讨会上,钱七虎院士和陈肇元院士联合提名让我担任基坑工程专业委员会主任委员。此次会议还决定2006年在上海举办第四届基坑工程研讨会。

第三届基坑工程研讨会(2004)

第四届基坑工程研讨会(2006)

在第六届基坑工程研讨会上做报告(2010)

我在第三届基坑工程研讨会上应邀做报告"基坑工程设计中应注意的几个问题"。我在第四届基坑工程研讨会上做特邀报告"基坑工程发展中应重视的几个问题",主要讨论基坑工程特点、基坑工程设计管理、按稳定控制设计和按变形控制设计、围护形式的合理选用、优化设计、基坑工程施工管理、基坑工程规范、基坑工程围护设计软件等方面的内容。我还建议基坑工程设计管理采用专家组审查制度。基坑工程设计不能只依靠基坑工程围护设计软件,要重视岩土工程师分析和工程综合判断。我在第五届基坑工程研讨会上做特邀报告"基坑工程发展中若干问题"，侧重介绍基坑工程事故原因分析、地下水控制、基坑工程管理和值得重视的几个研究课题。我在第六届基坑工程研讨会上做特邀报告"基坑工程若干问题"，结合两年来的基坑工程实践，继续强调如何做好地下水控制以及防止基坑工程事故的重要性，建议加强基坑工程领域的科学技术研究工作。我在第七届基坑工程研讨会上做特邀报告"基坑工程事故原因分析及进一步发展建议"，详细分析了产生事故的原因，指出计算模式不合适、采用的围护形式超过适用范围、未能有效控制地下水和施工组织不当是产生基坑工程事故的主要原因，并提出防止基坑工程发生事故的建议。我在第八届基坑工程研讨会上做特邀报告"基坑工程环境效应的思考"，结合工程案例，分析基坑工程产生环境影响的原因、影响规律，并提出可采取的对策。我在第九届基坑工程研讨会上做特邀报告"基坑围护技术若干进展"，介绍了 TRD 技术、预应力 H 型钢组合支撑技术和可拆除锚杆技术。我在第十届基坑工程研讨会上做特邀报告"基坑工程展望与建议"，主要讨论了下述问题：不断提高对基坑工程特点的认识，基坑工程的主要矛盾是变形控制还是稳定控制问题、地下水控制问题还是土压力问题，基坑工程设计是概念设计、重视设计与施工的统一，发展按变形控制设计理论，提高设计水平，发展钢支撑设计和施工技术，发展和推广可回收锚索(杆)技术、关于规程和规范以及发展基坑工程监测新技术等。我在第十一届基坑工程研讨会上做特邀报告"基坑工程应重视的几个问题"，侧重讨论地下水控制、钢支撑设计和施工技术、可回收锚索技术和复形控制等方面的内容。我在第十二届基坑工程研讨会上做特邀报告"基坑工程若干新进展"，侧重讨论按变形控制设计和按稳定控制设计、基坑支撑系统的演变、基坑支护结构的发展、可回收锚索技术的发展和基坑测试技术的发展与管理等方面的内容。

　　由于基坑工程的特殊性,基坑工程案例在基坑工程设计中有较好的参考应用价值,在基坑支护新技术的推广普及过程中有很好的促进作用,从第四届基坑工程研讨会开始,我们不仅在会前征文、会后组织出版基坑工程研讨会论文集,还专门组织全国各地专家编写基坑工程实例,出版《基坑工程实例》系列。每个工程实例一般包括以下七个方面的内容:工程简介及特点、工程地质条

《基坑工程实例》系列

件(含土层物理力学指标表和一典型工程地质剖面)、基坑周边环境情况(应含建筑物基础简况,如管线、道路情况等)、根据需要附平面图、基坑围护平面图、基坑围护典型剖面图(1～2个)、简要实测资料和点评。考虑到基坑围护设计的特殊性,《基坑工程实例》没有要求每个工程实例的作者提供详细的计算方法和计算过程,但上述内容要求不能缺少,特别是工程地质条件(含土层物理力学指标表和一典型工程地质剖面)和基坑周边环境情况(应含建筑物基础简况,如管线、道路情况等)这两项。《基坑工程实例》于 2006 年出版发行后,得到学术界和工程界的好评。《基坑工程实例》至今已经出版发行至第 9 辑,其影响愈来愈大,许多新的围护技术得到推广和普及,不少工程师从中得到启发,基坑工程技术得以创新。《基坑工程实例 10》将于 2024 年出版发行。

　　《基坑工程实例》第 1 至 8 辑的前言都是我写的,我在前言中及时认真记录我学习得到的新体会和基坑工程新技术。例如,我在《基坑工程实例 2》的前言中,就基坑工程特点、按稳定控制设计与按变形控制设计、常用围护形式分类及适用范围、围护形式的合理选用和优化设计、土压力的选用、地下水控制、基坑围护设计方法、基坑工程设计与施工等几个问题谈了体会。现陈述如下,希望能得到广大同行指正。

（一）基坑工程特点

笔者曾在《深基坑工程设计施工手册》（中国建筑工业出版社，1998）一书中指出基坑工程具有八方面的特点。（1）基坑围护体系是临时结构，与永久性结构相比，设计考虑的安全储备较小，因此基坑工程具有较大的风险性，对设计、施工和管理各个环节提出了更高的要求。（2）场地工程地质条件和水文地质条件对基坑工程性状具有极大的影响，基坑工程具有很强的区域性。（3）基坑工程与周围环境条件密切相关，在城区和在空旷区的基坑对围护体系的要求差别很大，几乎每个基坑都有特殊性。（4）基坑围护设计不仅涉及土力学中稳定、变形和渗流三个基本课题，而且基坑围护结构受力复杂，要求设计人员不仅具有较好的岩土工程分析能力，还应具有较好的结构工程分析能力。（5）作用在围护结构上的主要荷载土压力的影响因素很多，很复杂。（6）基坑工程空间形状对围护体系受力具有较强影响，土又具有蠕变性，因此基坑工程时空效应强。（7）基坑挖土顺序和挖土速度对基坑围护体系受力具有很大影响。围护设计应考虑施工条件，并应对施工组织提出要求。基坑工程需要加强监测，实行信息化工程。（8）基坑围护体系的变形和地下水位下降都可能对基坑周围的道路、地下管线和建筑物产生不良影响，严重时可能导致破坏。基坑工程设计和施工一定要重视环境效应。

分析基坑工程事故，人们不难发现绝大多数基坑工程事故都与设计、施工和管理人员对上述基坑工程特点缺乏深刻认识、未能采取有效措施有关。

（二）按稳定控制设计与按变形控制设计

当基坑周围空旷，如市政道路、地下管线、周围建（构）筑物在基坑工程影响范围以外，允许基坑周围地基土体产生较大的变形时，基坑围护设计可按稳定控制设计；当基坑紧邻市政道路、管线、周围建（构）筑物,而不允许基坑周围地基土体产生较大的变形时,基坑围护设计应按变形控制设计。

按稳定控制设计只要求基坑围护体系满足稳定性要求,允许产生较大的变形;而按变形控制设计不仅要求围护体系满足稳定性要求,还要求围护体系变形小于某一控制值。由于作用在围护结构上的土压力值与位移有关,在按稳定控制设计和在按变形控制设计时,作为荷载的土压力设计取值是不同的。在选用基坑围护形式时应明确是按稳定控制设计还是按变形控制设计。当可以采用按稳定控制设计时,采用按变形控制设计可能增加工程投资;当需要采用按变形控制设计时,采用按稳定控制设计可能对环境造成不良影响。基坑周围地基土体的变形可能对周围的市政道路、地下管线、建(构)筑物产生不良影响,严重时可能影响其正常使用。

按变形控制设计时,基坑围护变形控制量不是愈小愈好,也不宜统一规定,应以基坑变形对周围市政道路、地下管线、建(构)筑物不会产生不良影响,不会影响其正常使用为标准。根据基坑周边环境条件,首先确定采用按稳定控制设计还是按变形控制设计的问题,至今尚未引起重视,或者说尚未达到理论的高度。现有规程、规范、手册以及设计软件均未能从理论高度予以区分,多数有经验的设计师是通过综合判断调整设计标准来区分的。笔者认为,我国已有条件可以推广根据基坑周边环境条件采用按稳定控制设计或按变形控制设计的设计理念,从而进一步提高基坑围护设计水平。

(三)常用围护形式分类及适用范围

在工程中应用的围护形式很多,在围护形式分类中要包括各种围护形式是困难的,笔者将其分为下述四大类。

(1)放坡开挖及简易支护,包括放坡开挖;放坡开挖为主,辅以坡脚采用短桩、隔板及其他简易支护;放坡开挖为主,辅以喷锚网加固等。

（2）加固边坡土体形成自立式围护，包括水泥土重力式围护结构、加筋水泥土墙围护结构、土钉墙围护结构、复合土钉墙围护结构、冻结法围护结构等。

（3）挡墙式围护结构，可分为悬臂式挡墙式围护结构、内撑式挡墙式围护结构和拉锚式挡墙式围护结构三类。另外还有内撑与拉锚相结合等形式。常用挡墙形式有排桩墙、地下连续墙、板桩墙、加筋水泥土墙等。

（4）其他形式围护结构，常用形式有门架式围护结构、重力式门架围护结构、拱式组合型围护结构、沉井围护结构等。

每种围护形式都有一定的适用范围，而且随着工程地质和水文地质条件以及周围环境条件的差异，其合理围护高度可能产生较大的差异。常用基坑围护形式分类及适用范围如下表所示。参考引用表中提及的开挖深度时应慎重，应根据当地经验合理选用。

常用基坑围护形式分类及适用范围

类别	围护形式	适用范围	备注
放坡开挖及简易支护	放坡开挖	地基土质较好，地下水位低，或采取降水措施，以及施工现场有足够放坡场所的工程。允许开挖深度取决于地基土的抗剪强度和放坡坡度	费用较低，条件许可时尽量采用
	放坡开挖为主，辅以坡脚采用短桩、隔板及其他简易支护	基本同放坡开挖。坡脚采用短桩、隔板及其他简易支护可减小放坡占用场地面积，或提高边坡稳定性	
	放坡开挖为主，辅以喷锚网加固	基本同放坡开挖。喷锚网主要用于提高边坡表层土体稳定性	

续表

类别	围护形式	适用范围	备注
加固边坡土体形成自立式围护	水泥土重力式围护结构	可采用深层搅拌法施工,也可采用旋喷法施工。适用土层取决于施工方法。软黏土地基中一般用于支护深度小于 6m 的基坑	可布置成格栅状,围护结构宽度较大
	加筋水泥土墙围护结构	一般用于软黏土地基中深度小于 6m 的基坑	常用型钢、预制钢筋混凝土 T 形桩等加筋材料。采用型钢加筋需考虑回收
	土钉墙围护结构	一般适用于地下水位以上或降水后的基坑边坡加固。土钉墙支护临界高度与地基土抗剪强度有关。软黏土地基中应控制使用,一般可用于深度小于 5m,而且可允许产生较大的变形的基坑	可与锚、撑式排桩墙支护联合使用,用于浅层围护
	复合土钉墙围护结构	基本同土钉墙围护结构	复合土钉墙形式很多,应具体情况具体分析
	冻结法围护结构	可用于各类地基	应考虑冻融过程中对周围的影响,电源不能中断,以及工程费用等问题
挡墙式围护结构	悬臂式排桩墙围护结构	基坑深度较小,而且可允许产生较大的变形的基坑。软黏土地基中一般用于深度小于 6m 的基坑	常辅以水泥土止水帷幕
	排桩墙加内撑式围护结构	适用范围广,可适用各种土层和基坑深度。软黏土地基中一般用于深度大于 6m 的基坑	常辅以水泥土止水帷幕

续表

类别	围护形式	适用范围	备注
挡墙式围护结构	地下连续墙加内撑式围护结构	适用范围广,可适用各种土层和基坑深度。一般用于深度大于10m的基坑	
	加筋水泥土墙加内撑式围护结构	适用土层取决于形成水泥土施工方法,多用于软黏土地基中深度大于6m的基坑	采用型钢加筋需考虑回收
	排桩墙加拉锚式围护结构	砂性土地基和硬黏土地基可提供较大的锚固力。常用于可提供较大的锚固力地基中的基坑。基坑面积大,优越性显著	采用注浆可增加锚杆的锚固力
	地下连续墙加拉锚式围护结构	常用于可提供较大的锚固力地基中的基坑。基坑面积大,优越性显著	
其他形式围护结构	门架式围护结构	常用于开挖深度已超过悬臂式围护结构的合理围护深度,但深度也不是很大的情况。一般用于软黏土地基中深度7~8m,而且可允许产生较大的变形的基坑	
	重力式门架围护结构	基本同门架式围护结构	对门架内土体采用深层搅拌法加固
	拱式组合型围护结构	一般用于软黏土地基中深度小于6m,而且可允许产生较大的变形的基坑	辅以内支撑可增加支护高度,减小变形
	沉井围护结构	软土地基中面积较小且呈圆形或矩形等较规则的基坑	

（四）围护形式的合理选用和优化设计

几乎可以说每一个基坑都有特殊性,应根据场地工程地质和水文地质条件、基坑开挖深度和周边环境条件选用合理的围护形式。

基坑围护形式很多,每一种基坑围护形式都有其优点和缺点,都有一定的适用范围。一定要因地制宜,选用合理的围护形式。

如何合理选用,笔者认为应抓住该基坑围护中的主要矛盾。例如要认真分析该基坑围护的主要矛盾是围护体系的稳定问题还是围护体系的变形问题,基坑围护体系发生稳定和变形问题的主要原因是土压力问题还是地下水控制问题。

控制地下水有两种思路:止水和降水。止水帷幕施工成本较高,有时施工还比较困难。当止水帷幕两侧水位差较大时,止水帷幕的止水效果往往难以保证。笔者认为,有条件降水时,应首先考虑采用降水的方法。在做降水设计时,需要合理评估地下水位下降对周围环境的影响。为了减小基坑降水对周围的影响,也可通过回灌以提高基坑外侧地基中的地下水位。当采用止水帷幕发生漏水时,应有应对漏水的对策。

基坑围护方案的合理选用是基坑围护结构优化设计的第一层面,第二层面应是选定基坑围护方案后,对具体设计方案进行优化。因此,除了应重视基坑围护方案的合理选用之外,还应重视具体设计方案的优化。

(五)土压力的选用

基坑围护结构设计中,土压力值的合理选用是首先要解决的关键问题。影响土压力值的合理选用的因素主要有下述几个方面。在基坑围护结构设计中,人们通常采用库伦土压力理论或朗肯土压力理论计算土压力值。根据库伦土压力理论或朗肯土压力理论计算得到的主动土压力值和被动土压力值都是指挡墙达到一定位移值时的土压力值。实际工程中,挡墙往往达不到理论计算要求的位移值。当位移偏小时,计算得到的主动土压力值比实际发生的土压力值要小,而计算得到的被动土压力值比实际发生的土压力值要大。如不进行修正,计算结果是偏不安全的。挡墙实际位移值的大小对作用在挡墙上的土压力值大小的影响应予以重视。

库伦土压力理论和朗肯土压力理论都是建立在太沙基提出有效应力理论以前,在土压力计算中采用水土分算和水土合算的合理性,理论上的讨论分析已经很多。目前在设计计算中,土压力计算通常遵循两个原则:对黏性土采用水土合算,对砂性土采用水土分算。实际工程中遇到的土层是比较复杂的,采用水土分算与采用水土合算的计算结果是不一样的,如何合理选用计算值,也是应该重视的。

在采用库伦土压力理论或朗肯土压力理论计算土压力时,都需要应用土的抗剪强度指标。土的抗剪强度指标值与采用的土工试验测定方法有关。如何合理选用土的抗剪强度指标值,是土压力计算中又一个重要的问题。

基坑工程中影响土压力值的因素还有很多,如土的蠕变、基坑降水引起地下水位的变化、基坑工程的空间效应等,有的影响因素是不利的,有的影响因素是有利的,这些都需要设计人员合理把握。

从土压力的影响因素之多、之复杂,可见土压力值合理选用的难度及土压力值合理选用的重要性。任何"本本"都很难对土压力值的合理选用做出具体的规定。在基坑围护结构设计中,土压力值能否合理选用,在很大程度上取决于该地区工程经验的积累,取决于设计工程师的综合判断能力。

(六)地下水控制

因未处理好地下水控制问题而发生的工程事故在基坑工程事故中占有很大比例,应该引起重视。

控制地下水有两种思路:止水和降水。止水是指通过设置止水帷幕,让基坑围护体系内外保持较大的水头差。为了满足挖土和地下结构建设的要求,需要将基坑围护体系内地下水降至基坑低以下1m左右。通过设置止水帷幕,让基坑围护体系外侧地基中地下水位基本保持不变。降水是指在降低基坑内地下水位的同时,不控制基坑外地基中的地下水位,让其自由下降,一般此时地下水位呈漏斗状。基坑外地基中的地下水位下降可能引起地基土体下沉,对环境造成不良影响。设置止水帷幕使基坑外地基中地下水位基本保持不变,这样可避免基坑内地下水位下降对环境造成的不良影响。

止水帷幕大致可分为三类:利用围护结构本身形成止水帷幕,独立设置止水帷幕,以及围护结构和水泥土桩等止水体联合形成止水帷幕。

通过提高施工质量,可以减少产生止水帷幕漏水的概率,但寄希望于通过提高施工质量彻底解决止水帷幕漏水并不现实。笔者曾在一篇文章中谈到:设计止水帷幕容易,而保质保量施工好止水帷幕则比较困难。当基坑较深、工程地质又比较复杂时,旋喷桩、搅拌桩、钻孔灌注桩桩体垂直度的严格控制都会遇到困难。增加止水帷幕的宽度可以有效减少产生止水帷幕漏水的概率,但要增加工程投资。

基坑工程中如何控制地下水非常重要。笔者曾在一篇文章中谈到:在处理水的问题时,能降水就尽量不用止水,一定要用止水时也要尽量降低基坑内外的水头差。为什么呢?这里做进一步分析。

基坑外降水可能引起地面沉降,产生不良环境效应,这是不利的一面;基坑外降水可以减小作用在围护体系上的水压力和土压力,这是有利的一面。场地条件不同,降水引起的地面沉降量可能有较大的差别。新城区降水可能引起较大的地面沉降量,而老城区降水引起的地面沉降量可能要小得多。特别是降水深度在历史上大旱之年枯水位以上时,降水可能引起的地面沉降量很小。当基坑外降水可能产生不良环境效应时,也可通过回灌以减小对周围环境的影响。

控制地下水是通过止水还是通过降水需要综合分析。完全不漏水的止水帷幕较难形成,坑内外高水头差可能造成局部渗水、漏水,往往会酿成大事故;而较低的坑内外水头差既可减少产生渗水、漏水的发生,也有利于在发生局部渗水、漏水现象后进行堵漏补救。

另外,基坑周围地下水管的漏水也会酿成工程事故。需要详细了解地下管线分布,认真分析基坑变形对地下管线的影响,以及做好监测工作,避免该类事故发生。

总之,要重视基坑工程中地下水控制,尽量减少因未处理好地下水控制问题而发生的工程事故。

(七)基坑围护设计方法

顾宝和认为:土工问题分析中计算条件的模糊性和信息的不完全性,导致单纯力学计算不能解决实际问题,需要岩土工程师综合判断;不求计算精确,只求判断正确。岩土工程设计具有概念设计的特性。从前面对基坑工程特性的分析可以看出,基坑工程围护结构很复杂,不确定因素很多。土压力的合理选用、计算模型的选择、计算参数的确定等都需要岩土工程师综合判断,因此基坑围护结构设计的概念设计特性更为明显。太沙基说的"岩土工程是一门应用科学,更是一门艺术(Geotechnology is an art rather than a science)",对基坑工程特别适用。岩土工程分析在很大程度上取决于工程师的判断,具有很强的艺术性。这些原则对基坑围护结构设计更为重要。

基坑围护结构设计要求详细了解场地工程地质和水文地质条件,了解土层形成年代和成因,掌握土的工程性质;详细掌握基坑周围环境条件,包括道路、地下管线分布、周围建筑物以及基础情况;详细了解待建建筑物地下室结构和基础情况。根据上述情况,结合工程经验,进行综合分析,确定按稳定控制设计还是按变形控制设计。根据综合分析,合理选用基坑围护形式,确定地下水控制方法。在设计计算分析时合理选用土压力值,强调定性分析和定量分析相结合,抓主要矛盾。在计算分析的基础上进行工程判断,在工程判断时强调综合判断,在此基础上完成基坑围护结构设计。

如何应用基坑围护设计软件？如何评价基坑围护设计软件的作用是一个很重要的问题。笔者曾在一篇论文中谈到：基坑围护设计离开设计软件不行，但只依靠设计软件进行设计也不行。前半句的意思是计算机在土木工程中的应用发展到今天，应该采用电算取代繁琐的手工计算。在这里笔者要强调的是后半句，即只依靠设计软件进行设计也不行。

目前基坑围护设计商业软件很多，你会发现，采用不同的软件进行计算，得到的计算结果往往不同。某大学教授对一基坑工程采用七个设计软件进行设计，发现结果之间差别很大，有的弯矩差一倍以上。这也说明，不能只依靠设计软件进行设计。基坑工程的区域性、个性很强，时空效应也很强，编制基坑围护设计软件都要做些简化和假设，不可能反映各种情况。影响基坑工程的稳定性和变形的因素很多、很复杂，设计软件也难以全面反映。而目前大部分设计软件是按稳定控制设计编制的，当需要采用按变形控制设计时，采用按稳定控制设计编制的设计软件进行设计，就可能会出现许多不确定因素。

在岩土工程分析中，要重视工程经验，要重视各种分析方法的适用条件。岩土工程的许多分析方法都来自工程经验的积累和案例分析，而不是来自精确的理论推导。因此，具体问题具体分析在基坑工程中更为重要。在应用计算机软件进行设计计算分析时，应结合工程师的综合判断，只有这样，才能搞好基坑围护设计。

（八）基坑工程设计与施工

对基坑工程事故原因进行分析后发现，基坑挖土施工不当引发的基坑工程事故比例很高。基坑挖土施工不当主要指挖土顺序不符合设计要求、超挖，以及支护结构未达到设计强度而提前开始挖土等。要解决施工不当引发的基坑工程事故问题，除了提高施工单位素质、加强施工管理外，基坑工程围护设计应考虑使挖土施工尽量简便。基坑围护设计应包括挖土顺序和每层挖土厚度的要求,另外还应对基坑施工过程中基坑围护变形和围护结构内力提出警戒值要求,并应提出应急措施。

基坑围护结构设计人员应参加基坑工程施工组织设计方案审查,对基坑工程施工提出合理要求。基坑工程应加强监测,根据需要进行支护结构变形监测、内力监测、深层土体位移监测以及地下水位变化监测等。只有设计、施工、测试三者密切配合,实现信息化施工,才能有效减少基坑工程事故。

(以上内容源自我为《基坑工程实例2》写的前言,本书引用时稍有删改。)

六、推动可回收锚杆技术应用和发展

传统的预应力锚杆常常会超越用地红线,产生侵权问题;同时不可回收的预应力锚杆主筋成为长期的地下障碍物,严重影响了场地的二次开发利用,给后续工程建设留下了隐患,后期处理难度大且费用高。1999年4月8日《中国建设报》报道,仅广州地区地下遗留锚杆就达20万~30万米。我国深圳、厦门、石家庄、昆明、太原等地在地铁盾构隧道施工中,为清理地基中遗留的锚杆都付出了高昂的代价。可回收锚杆为解决这一工程问题提供了有效手段。通过主筋回收,避免永久超越用地红线,不影响场地的二次开发利用,节约资源且环境友好,因此,可回收锚杆具有广阔的工程应用前景。

为推动可回收锚杆技术的应用和发展,2018年9月,我们在兰州组织召开第一届全国可回收锚杆技术研讨会;2019年5月,在杭州组织召开第二届全国可回收锚杆技术研讨会,并发起成立锚杆回收技术与产业联盟(筹);2020年11月,在成都组织召开第三届全国可回收锚杆技术研讨会;2022年10月,在线上组织召开第四届全国可回收锚杆技术研讨会。

第二届全国可回收锚杆技术研讨会暨锚杆回收技术与产业联盟(筹)成立大会(2019)

在可回收锚杆技术规程方面,2019年,我们组织全国专家编写中国工程建设标准化协会标准《可回收锚杆应用技术规程》(T/CECS 999—2022),该标准于2022年7月1日开始实施;2021年,组织编写浙江省工程建设标准《可回收预应力锚杆应用技术规程》(DBJ33/T 1310—2023),该标准于2024年5月1日开始实施。

2021年10月,我在《土木工程学报》上发表论文《可回收锚杆技术发展与展望》,回顾了国内外可回收锚杆技术的发展历程,系统总结了可回收锚杆的类型、构造和回收机理,指出了可回收锚杆技术应用中应注意的问题,并提出了发展展望。

通过一系列的技术交流、研讨和相关规程编制,有力地推动并规范了我国可回收锚杆技术的应用和发展。

我与地基处理技术

　　我于 1978 年到浙江大学读研究生,专业为岩土工程,研究方向为地基处理。导师曾国熙先生长期从事软土地基处理研究,在地基处理领域有很大影响。1983 年,第四届全国土力学及基础工程学术讨论会在武汉召开期间,中国土木工程学会土力学及基础工程学会决定成立地基处理学术委员会,并将它挂靠在浙江大学,请曾国熙教授任主任委员,并组建地基处理学术委员会。时任铁道部科学研究院研究员卢肇钧(中国科学院学部委员)、上海市建工局叶政青教授、中国水利水电科学研究院蒋国澄研究员担任副主任委员,聘请全国各地的四十多位专家组成中国土木工程学会土力学及基础工程学会第一届地基处理学术委员会。曾国熙先生让我担任学术委员会秘书,把我带到了一个很好的平台。在组织全国各地各行业的地基处理专家编写《地基处理手册》和组织系列地基处理学术讨论会的过程中,我结交了各地的地基处理技术专家,拜他们为师,全面、系统地学习和掌握了各种地基处理技术。1991 年,地基处理学术委员会换届,学会领导曾国熙、卢肇钧、叶政青和蒋国澄先生一致提名让我担任第二届地基处理学术委员会主任委员。第二届地基处理学术委员会聘请曾国熙教授、卢肇钧研究员、武汉大学冯国栋教授担任顾问,聘请蒋国澄研究员、同济大学叶书麟教授、铁道部科学研究院杨灿文研究员、中国建筑科学研究院张永钧研究员、冶金部建筑研究总院王吉望研究员、上海基础工程公司彭大用研究员、第一航务工程局叶柏荣研究员、浙江大学潘秋元教授担任副主任委员。

四十多年来,我在地基处理领域的贡献主要包括下述几点。

一、研究和发展多种地基处理新技术

我在研究和发展地基处理新技术方面的最大贡献是创建了复合地基理论,推动形成复合地基技术工程应用体系。这部分内容已在"我与复合地基理论"中介绍。在发展地基处理新技术方面,值得一提的还有下面几点。

在应用强夯加固地基方面,我主持的第一个工程案例是在 1996 年左右。当时台州玉环当地组织民众开山填了一个已经多年不用的海湾避风港,用作房地产开发场地。场地淤泥最厚有 16m 左右,未经处理。上覆 6m 左右回填山石,回填山石杂乱无章。场地被卖给一房地产公司后,设计单位提出需要进行地基处理。房地产公司找我们咨询,我建议采用强夯处理,思路是形成一强度较高的硬壳层,六层住宅楼加强自身刚度,以适应产生的工后沉降。该小区场地总沉降约 40cm,二十多年来使用情况良好。

第二个案例是东阳横店在建设清宫颐苑时,发现在开山填沟形成的场地上,构筑的城墙发生失稳破坏,于是找我咨询处理。我建议采用强夯处理,并完成了强夯加固设计,效果很好。

第三个案例是千岛湖周边一湖湾经开山填湖形成一场地,用于住宅小区建设。填层厚薄不一,最厚填层超过 40m。场地被卖给房地产公司后,设计单位提出要进行地基处理。参加咨询的专家都主张采用强夯处理,当时受强夯设备限制,单夯能级小于 500 t·m。咨询会上有两种意见。一种意见是先撤出部分填土,分两层填实。但分两次夯,成本会很高。我提出另一种意见,即建议不分层,夯一次,通过提高住宅结构刚度,精心设计。我还考虑到场地回填已经两年,湖水涨落有利于回填土石层的密实。设计单位采用了我的意见,社会效益和经济效益都很好。

上述三个案例都产生了较大的影响,推动了强夯加固地基的工程应用。

马鞍山钢铁厂采用强夯法加固堆场地区,请我主持项目评审。我到现场了解情况后,建议将项目改名为采用强夯置换法加固堆场地基。采用强夯在软土地基中设置碎石墩,并在两墩之间的地基中设置排水带。这种工法在马鞍山钢铁厂堆场加固中第一次得到较大规模的应用。强夯置换法和强夯法加固地基机理不同,设计方法不同,适用条件差别较大。我后来在《地基处理》杂志和再版的《地基处理手册》中做了详细介绍。从此以后,强夯置换法成为一种常用的地基处理工法,在我国发展很快。

早在 20 世纪 90 年代,我就开始指导研究生开展软黏土固化剂研究,几十年来取得了一系列研究成果,促进了采用软土固化剂加固软黏土地基理论和工程应用的发展。我主编的浙江省工程建设标准《淤泥固化土地基技术规程》(DB33/T 1223—2020)于 2020 年发布。

自 2007 年左右起,我开始指导研究生开展软黏土地基电渗固结加固理论、室内外试验和工程应用研究,取得了一系列研究成果,获得了多项专利,有力地促进了电渗固结加固软黏土地基理论和工程应用的发展,得到了国内外同行的好评。

我主编的浙江省工程建设标准《大直径现浇混凝土薄壁筒桩技术规程》(DB33/1044—2007)于 2007 年发布;主编的浙江省工程建设标准《静钻根植桩基础技术规程》(DB33/T 1134—2017)于 2017 年发布。

二、出版地基处理专著和工程手册

复合地基方面的著作已在"我与复合地基理论"部分做了介绍,与地基处理学术讨论会和地基处理新技术研讨会有关的著作将在本部分第四点中介绍,下面简要介绍上述两方面内容以外的地基处理专著和工程手册。

首先介绍《地基处理手册》。《地基处理手册》已于 1988 年、2000 年和 2008 年在中国建筑工业出版社出版三版,先后印刷 33 次。《地基处理手册》得到业界一致好评,有力推动了地基处理技术进步,满足了工程建设的需要。

初版《地基处理手册》主编是我的导师曾国熙先生,我担任编委会编委、秘书,负责组织工作,并参与编写总论。《地基处理手册》编委扩大会于 1985 年 3 月 2 日至 3 月 5 日在浙江大学召开,来自全国 14 家单位的 21 人参加。参会人员有曾国熙、卢肇钧、吴肖茗、杨灿文、盛崇文、石振华、周国钧、张作瑂、范维垣、张永钧、钱征、彭大用、叶书麟、顾宝和、曾锡庭、邹敏、张善明、丁金粟、潘秋元、卞守中、龚晓南。会上讨论确定了编写原则、主要内容、各章编写人和编写单位、编写书稿要求、审稿要求及编写进度计划。为了更好地反映我国地基处理技术水平,于 1986 年初夏在青岛召开的中国土木工程学会土力学及基础工程学会理事会期间,各章第一编写人在会上做了汇报,听取了学会理事们的意见和建议,并在会后对初稿做了进一步修改和补充。各章书稿汇总统稿后,于 1986 年 8 月交出版社。当时需要一个字一个字码字排版印刷,出版周期较长。《地基处理手册》于 1988 年出版发行。

1992 年 11 月,我们在浙江千岛湖召开《地基处理手册(第二版)》编委扩大会,讨论编写原则、章节变动、各章编写人和编写单位、编写书稿要求及编写进度计划。个别章节编写人因身体健康原因未能按原定进度计划完成编写任务,《地基处理手册(第二版)》延迟至 2000 年才出版发行。《地基处理手册(第三版)》的编写组织工作通过电子网络通信完成,未组织专门会议。《地基处理手册(第三版)》于 2008 年出版发行。第二版和第三版的主编均由我担任。《地基处理手册》1990 年获建设部首届全国优秀建筑科技图书部级二等奖,1990 年获全国优秀科技图书二等奖。

1995 年左右,时任中国土木工程学会土力学及基础工程学会理事长、中国科学院学部委员卢肇钧推荐我为时任建设部总工程师许溶烈主

《地基处理手册(第二版)》编委扩大会部分会议代表合影(1992)

《地基处理手册》第一至第三版

编的"当代土木建筑科技丛书"撰写《地基处理新技术》一书,该书于1997年由陕西科学技术出版社出版发行。《地基处理新技术》全面总结并介绍了我国近年发展和应用的地基处理新技术。主要内容包括地基处理原理和分类、复合地基理论概要、各项地基处理技术及最新发展、已有建(构)筑物地基加固和纠偏技术。该书重视理论和实践相结合,注重新技术、新发展,重视工程应用。《地基处理新技术》的出版发行有力促进了地基处理新技术的推广和应用。《地基处理新技术》获1996—1997年西南西北地区优秀科技图书一等奖。

《地基处理新技术》(1997)

中国水利水电出版社邀请河海大学殷宗泽教授主编《地基处理工程实例》,以满足工程建设需要。殷宗泽教授邀请我与他共同主编。我邀请了地基处理学术委员会许多著名专家为该书撰写最新工程实例。我们合作主编的《地基处理工程实例》于2000年由中国水利水电出版社出版发行。

时任建设部高校土木工程专业指导委员会副主任、曾任清华大学土木工程系主任的江见鲸教授邀请我与他们共同编著《建筑工程事故分析与处理》一书,让我负责地基基础部分。由江见鲸、龚晓南、王元清、崔京浩编著的《建筑工程事故分析与处理》于1998年由中国建筑工业出版社出版发行。该书获北京市优秀教学成果奖。2003年,《建筑工程事故分析与处理(第二版)》由中国建筑工业出版社出版发行。

2005年高校土木工程专业指导委员会规划推荐教材《地基处理》由中国建筑工业出版社出版发行,龚晓南编著,同济大学叶书麟教授主审。该教材第二版于2017年出版,我指导的博士陶燕丽参与了部分修订工作。该教材于2021年获首届全国教材建设奖·全国优秀教材(高等教育类)二等奖。

2004年,中国土木工程学会土力学及基础

《地基处理》(2005)

工程学会地基处理学术委员会成立二十周年。作为纪念活动,我邀请潘秋元、岑仰润、周国钧、王吉望、邝健政、葛家良、张永钧、张咏梅、常璐、曾昭礼、李钟、王恩远、刘熙媛,梁瑞林、马李钟、杨鸿贵、袁内镇、滕延京、阎明礼、俞建霖、葛忻声、吴肖茗、陈湘生、王协群、王钊、杨少华、徐立新、郑尔康、滕文川、徐攸在、孔令伟、郭爱国、马巍、王大雁、史存林、刘国彬、杨晓东、张金接、符平、周虎鑫、胡明华、金利军、叶观宝、侯伟生、张天宇等地基处理专家(按章排序)总结我国地基处理技术发展,在中国水利水电出版社、知识产权出版社出版《地基处理技术发展与展望》(龚晓南主编)。全书分38章,我自己编写了4章。曾国熙、卢肇钧、周镜、冯国栋、蒋国澄和叶书麟等老前辈为该书题词。

2014年,中国土木工程学会土力学及基础工程学会地基处理学术委员会成立三十周年,作为纪念活动,我邀请应宏伟、娄炎、周建、陶燕丽、刘松玉、袁静、刘兴旺、王复明、陈卫林、刘吉福、薛炜、于方、安明、刘世明、陈振建、吕文志、方凯军、王恩远、王占雷、吴迈、刘熙缓、李钟、李怀奇、滕文川、鲁海涛、袁内镇、滕延京、张振栓、王哲、蒋帅华、郑刚、葛忻声、连峰、金小荣、杨志银、付文光、俞建霖、陈湘生、李海芳、王正宏、段冰、杨少华、徐日庆、畅帅、郑建国、刘争宏、羊群芳、赵祖禄、张长城、郑健龙、马巍、谢永利、薛新华、魏永幸、郎庆善、宋朋金、沈明江、朱合华、刘学增、徐前卫、陈生水、何宁、王国利、刘国摘、马驰、刘峰、刘汉龙、沈杨、叶观宝、崔江余、侯伟生等地基处理专家(按章排序)总结我国地基处理技术发展,在中国建筑工业出版社出版《地基处理技术及发展展望》。该书侧重反映地基处理技术在我国的发展情况,分三个层次:一是介绍工程建设中常用的地基处理技术;二是介绍各种特殊土地基的地基处理技术;三是按工程类型介绍几类土木工程中地基处理技术的应用情况。另外,书中还介绍了既有建筑物地基加固技术、纠倾技术和迁移技术。

为了纪念中国土木工程学会土力学及基础工程学会地基处理学术委员会成立三十周年,2014 年,我还在中国建筑工业出版社出版《地基处理技术及发展展望》的姊妹篇《地基处理三十年》。该书侧重回顾三十年来地基处理学术委员会的工作历程,介绍了三十年来,在几代人的努力下,成功举办 12 届全国地基处理学术讨论会、两届全国复合地基理论与实践学术讨论会、两届全国高

《地基处理三十年》(2014)

速公路软弱地基处理学术讨论会以及深层搅拌法设计施工经验交流会等全国性会议,举办几十次多种形式的地基处理技术培训班,组织编写《地基处理手册》第一版至第三版,以及《桩基工程手册》,出版发行《地基处理》杂志,为我国地基处理技术的发展、普及和提高做出了有益的贡献。纪念文集《地基处理三十年》由 8 个部分组成,即地基处理学术委员会简介、主要活动、学术讨论会和纪念活动、地基处理技术培训班、《地基处理》杂志、组织编写著作、地基处理学术委员会历届委员名单、部分地基处理单位介绍。我相信,这三十年是我国地基处理技术蓬勃发展的三十年,也是几代人努力奋斗的三十年。这本纪念文集旨在记录三十年来地基处理学术委员会和广大地基处理同行不断探索前进的脚步,纪念那些对地基处理技术的发展、对学会工作做出贡献者,对他们的贡献表示钦佩和敬意。今年正值中国土木工程学会土力学及基础工程学会地基处理学术委员会成立四十年,《地基处理四十年》在中国建筑工业出版社出版,主编为龚晓南、周建、俞建霖。

三、创建《地基处理》杂志

1989 年在烟台召开第二届地基处理学术讨论会期间,不少代表

建议创办地基处理技术期刊,以满足交流、普及地基处理技术的需要。经过一年左右时间的筹备,学会同浙江大学在 1990 年第四季度出版《地基处理》第一期,随即呈报浙江省新闻出版局,获批为内部报刊,准印证:(浙)字第 04－1022 号。《地基处理》比国外唯一的地基处理期刊 *Proceedings of the Institution of Civil Engineers–Ground Improvement*(英国主办)创办早七年。

《地基处理》创刊 　　　　　　　《地基处理》第一期封面

获批为内部报刊后,我认为应待刊物有一定知名度后再去申报公开发行刊物,因此没有尽快申报办理。后来见到比《地基处理》办得还晚的刊物已经获批为公开发行刊物,就决定去申报,但又遇上中央停止审批公开发行刊物的政策,于是《地基处理》一直到 2019 年才被国家新闻出版总署批准为公开发行刊物。现在《地基处理》的主办单位是浙江大学,主管单位是教育部。《地基处理》从内部刊物到公开发行刊物,足足经历了二十九年。

内部刊物能坚持二十九年并得到业界许多朋友的赞许,与大家的帮助是分不开的。办刊物首先要有稿源,在这方面,我们得到了业界专家的大力支持,特别是各届编委会的顾问和编委的支持。中国科学院学部委员卢肇钧、汪闻韶,以及多位院士、教授、研究员、总工程师为《地基处理》写稿,提供了不少反映专业领先水平的文章,如水平旋喷技术、桩承堤技术的介绍等。其次要有钱。二十九年来,为了给《地基处理》争取科研、设计、施工等单位的更多支持和帮助,我们从 1994 年起成立《地基处理》杂志社,于 2005 年成立《地基处理》理事会。办刊物还要有具体管理人员,主要依靠退休技术人员和我的一届届在校研究生。退休技术人员先是陈光旦先生和祁思明先生,后来是李明逵先生,他们三人做了大量工作。他们一位来自科研院,一位来自设计院,一位来自高校。他们在《地基处理》编辑部工作补贴极少,主要出于奉献,还有对地基处理的热爱。我的很多研究生都在《地基处理》编辑部帮过忙,应该有几十位。还有浙江省新闻出版局也给了我们大力支持,每年审批都给了很好的评价,认为《地基处理》编辑部管理规范,内部发行遵守有关规定。

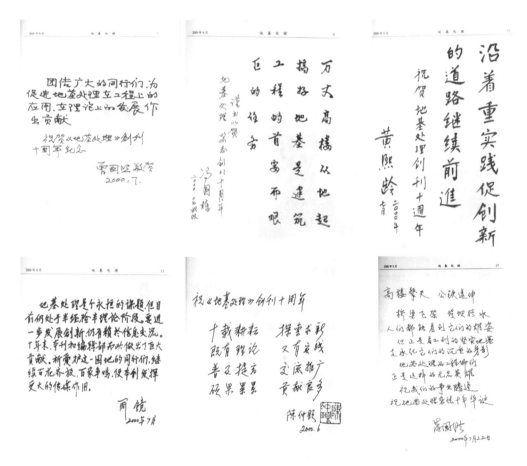

我国地基处理老前辈曾国熙、冯国栋、黄熙龄、周镜、陈仲颐和蒋国澄
祝贺《地基处理》创刊十周年题词

在广大同行的支持和帮助下,内部刊物《地基处理》坚持一年四期,内部发行二十九年。2019 年,《地基处理》获国家新闻出版总署批准为公开发行刊物。2019 年 8 月 23 日,《地基处理》公开发行首刊发布会在浙江大学举办。公开发行后,《地基处理》由原来的季刊改为双月刊。

《地基处理》公开发行首刊发布会现场

《地基处理》公开发行首刊发布会与会人员合影

四、组织召开地基处理学术讨论会和地基处理新技术研讨会

地基处理学术委员会成立四十年来,在几代人的努力下,相继在上海(1986)、烟台(1989)、秦皇岛(1992)、肇庆(1995)、武夷山(1997)、温州(2000)、兰州(2002)、长沙(2004)、太原(2006)、南京(2008)、海口(2010)、昆明(2012)、西安(2014)、南昌(2016)、武汉(2018)、重庆(2021)、银川(2022)、哈尔滨(2024)举办了 18 届全国地基处理学术讨论会。地基处理学术委员会还分别在杭州(1996)和广州(2012)举办了两届全国复合地基理论与实践学术讨论会;1993 年在杭州举办全国深层搅拌法设计、施工经验交流会;1998 年在无锡举办全国高速公路软弱地基处理学术讨论会;2005 年在广州举办全国高速公路地基处理学术研讨会。除第一届全国地基处理学术讨论会未出版论文集、第二届全国地基处理学术讨论会胶印论文集外,每次学术讨论会均正式出版论文集。2005 年在广州举办的全国高速公路地基处理学术研讨会除出版会议论文集外,还组织编写并出版了《高等级公路地基处理设计指南》(人民交通出版社,2005)。地基处理学术委员会还独立举办或配合中国土木工程学会和部分委员单位举办数十次多种形式的地基处理技术培训班。地基处理学术委员会还努力组织专家为工程建设提供技术咨询服务。

1986 年 10 月 12 日至 16 日,中国土木工程学会土力学及基础工程学会地基处理学术委员会主办的第一届全国地基处理学术讨论会在上海宝钢涉外招待所召开。大会主席曾国熙先生和来自全国 150 多家单位的 250 名代表参加了这次会议,会议共收集论文 105 篇。除大会报告外,还分排水固结、挤密、强夯、灌浆和浅层处理等五个小组进行专题报告及讨论。我与上海基础工程公司彭大用、同济大学叶书麟负责第一届全国地基处理学术讨论会的会务工作。1986 年,我国交通、住宿条件还

曾昭礼、龚晓南和叶政青（左起）（1989）

比较落后。学会副主任叶政青是宝钢副总指挥，当时找不到合适的地方，就在宝钢涉外招待所开会。

　　第二届全国地基处理学术讨论会于 1989 年 7 月 14 日至 18 日在烟台召开。会务工作由化工部烟台化工建设技术培训中心主任曾昭礼和我负责。开会前，叶政青副主任带我去烟台与曾昭礼商讨准备工作，最麻烦的是会后人员返回的车票问题，要请求火车站加挂车厢。化工部烟台化工建设技术培训中心做了大量工作，特别是曾昭礼主任，工作特别认真。以前开学术会议，我们都是自带油印论文几十本或上百本，手提到会场后交会务组发放。烟台会议在会前出胶印版论文集，应属全国第一次。论文集共收录论文 130 篇。在第二届全国地基处理学术讨论会上，曾国熙教授致开幕词，中国土木工程学会土力学及基础工程学会理事长卢肇钧研究员等在开幕式上讲话，我向大会报告了会议的筹备经过。

中国土木工程学会土力学及基础工程学会第三届地基处理学术讨论会于 1992 年 6 月 25 日至 29 日在河北秦皇岛市举行,地基处理学术委员会已换届,由我担任大会主席。我请浙江大学朱向荣负责会务工作。1992 年,全国各地住宅建设规模发展很快,对地基处理技术的需求很迫切,要求参会的人员人数大幅度增加。第三届地基处理学术讨论会遇到的最大问题是预订的住宿房间不够用,临时找住处,增加了一处又一处。来自 23 个省份的设计、施工、科研、勘察等单位和大专院校的代表共 300 多人出席了会议。在会上,查振衡、韩杰、吴廷杰、叶柏荣、张永钧、王吉望、朱向荣、叶书麟、杨灿文、龚晓南、贾宗元等分别做了"高压喷射注浆防渗技术""碎石桩加固技术""干振碎石桩加固地基的工艺及机理""水泥深层搅拌桩支护结构的研究与应用""建筑地基处理技术规范简介""地基处理工程的成功与失误""软基沉降计算方法的改进及应用""托换技术综述""土工合成材料在铁路工程中的应用""复合地基理论概要""控制沉降量的复合桩基在地基处理中的应用"等报告。会议征文 200 篇左右,经审查,编入论文集 158 篇,由浙江大学出版社出版发行。这是我们组织的第一本正式出版的会议论文集,在全国也是比较领先的。这也得益于我国出版技术的发展。

经过这三届会议的组织,以后就比较有经验了。第四届地基处理学术讨论会于 1995 年在广东肇庆召开,再以后每两年举办一次,至今每次都会正式出版会议论文集。地基处理学术讨论会坚持每次到没有举办过的省份召开,今年将要到第 18 个省份召开。

除定期召开全国地基处理学术讨论会之外,根据工程建设需要,还召开过几次地基处理新技术专项研讨会。

第四届全国地基处理学术讨论会（肇庆,1995）

第八届全国地基处理学术讨论会（长沙,2004）

第十七届全国地基处理学术讨论会（银川，2022）

第十八届全国地基处理学术讨论会（哈尔滨，2024）

第十八届全国地基处理学术讨论会授奖(哈尔滨,2024)

改革开放以来,特别是邓小平 1992 年南方谈话以后,深层搅拌法(包括浆液喷射深层搅拌法和粉体喷射深层搅拌法)在我国软黏土地基加固中得到广泛应用,为了总结与交流我国在深层搅拌法应用和理论研究方面的新经验,促进深层搅拌法应用水平进一步提高,我们会同部分长期从事深层搅拌法施工、科研、设计工作的单位以及深层搅拌机械生产厂家共同组织深层搅拌法设计与施工经验交流会。会议于 1993 年 11 月 26 日至 29 日在浙江大学召开,并在中国铁道出版社出版论文集《深层搅拌法设计与施工》。我还策划、主编了由浙江大学电教中心制作的音像制品《深层搅拌法设计与施工》。

为了交流高速公路软弱地基处理经验和教训,介绍新材料、新产品和新工艺的开发与应用,讨论如何进一步发展和提高高速公路软弱地基处理水平,我们组织了由中国土木工程学会土力学及基础工程学会地基处理学术委员会、中国公路学会道路工程学会、江苏省高速公路建设指挥部主办,江苏省交通规划设计院、浙江省交通规划设计研究院、铁道部第四勘测设计院软土地基工程公司、无锡市高速公路建设指挥部协办的高速公路软弱地基处理学术讨论会。会议于 1998 年 11 月 30 日至 12 月 3 日在无锡举行。来自全国各高校、科研、设计、施工单位和有关厂家的 138 名代表出席会议。会议结束后,由上海大学出版社出版《高速公路软弱地基处理理论与实践》(龚晓南主编),该书较全面地反映了我国当时高速公路软弱地基处理技术应用的现状与发展水平。

2005 年我们组织了由中国土木工程学会土力学及岩土工程分会地基处理学术委员会、中国公路学会道路工程学会、广东省交通厅、广东省交通集团有限公司、广东省公路学会,江苏省公路学会、浙江省公路学会等共同主办的全国高速公路地基处理学术研讨会。会议于 12 月 7 日至 9 日在广州召开。全国各地从事高等级公路建设的工程技术人员、专家、学者和管理人员共 220 余人参加了这次学术研讨会。会议结束后,由人民交通出版社出版《全国高速公路地基处理学术研讨会论文集》(龚晓南主编)和《高等级公路地基处理设计指南》(龚晓南主编)。

五、主办地基处理技术学习班、研讨会和讲座

为了普及地基处理技术,提高我国地基处理水平,20 世纪八九十年代,我代表地基处理学术委员会在杭州、烟台、秦皇岛、昆明主办了几十次地基处理技术学习班和研讨会,作为地基处理专家应邀到长春、合肥、南京、上海、西安、广州等数十个城市做地基处理新技术讲座。不少地基处理领域的企业家给我来信说,当年在浙江大学地基处理技术学习班的经历让他们获益匪浅、铭记于心,从中第一次详细了解了水泥搅拌桩技术、复合地基技术,认识了不少专家,这些对后来创业帮助很大。

昆明地基处理研讨会(1993)

六、应邀主持和参与重大工程地基处理咨询与设计,解决了许多技术难题

在高速公路工程建设过程中,我曾担任杭甬高速公路上虞段和乍嘉苏高速公路设计施工顾问,曾参加杭甬高速公路、沪宁高速公路、沪杭高速公路、杭金高速公路、杭宁高速公路等工程建设中地基处理设计施工咨询。对如何根据不同的工程地质条件合理选用地基处理方案,如何有效控制高速公路的工后沉降,如何减少桥台和引桥路段的沉降差以减缓或避免产生桥头跳车现象,高速公路需要拓宽时应如何合理选用拓宽方案,高速公路人行通道设计施工方案如何优化等问题开展系统研究,取得了一系列研究成果,相关成果已应用于工程建设。

在机场工程建设过程中,我曾参与深圳宝安国际机场一、二、三期以及温州、宁波、杭州、厦门、大连等地数十个机场的工程建设中关于地基

中西部岩土力学与工程论坛（2014）

处理方案合理选用、地基处理设计施工的咨询和审查工作。在山区建设机场，常遇到高填方工程；填海造地建设机场近年需求较多；有时还需要在特殊土地基上建机场。在上述特殊情况下，机场建设过程中遇到的地基处理问题更多、更复杂。在机场工程建设过程中，最重要的是如何合理控制机场跑道、停机坪、联络道等各区的工后沉降。

围海造地、填沟造地工程中会遇到许多地基处理问题。我曾参与温州、玉环、三门、宁波、杭州、珠海、深圳、天津、大连、厦门等地的围海造地工程建设，也参与过金华、东阳、延安、山西、云南等地的填沟造地工程建设中关于地基处理方案合理选用、地基处理设计施工的咨询和审查工作。

从1978年我到浙江大学读岩土工程研究生、从事地基处理研究起，至今已有四十六年。在许多前辈的厚爱下，在广大同行的支持和帮助下，我在地基处理领域勤奋耕耘，取得了一定的成绩。两年前为了报奖，我写了自己的主要业绩，请专家提意见建议。有一位专家在地基处理部分给我添了这句话："主持的多项重大工程的软土地基处理成为行业范例，他是我国地基处理领域被业界高度认同的学术带头人。"

我与基础工程加固和事故处理技术

　　1992 年邓小平南方谈话有力促进了改革开放,我国土木工程建设进入大发展阶段,建设规模大、速度快。首先是城镇住宅建设快速发展,然后高速公路、高速铁路、机场、地铁、地下空间开发利用等工程相继大面积、快速展开。由于设计、施工和管理各方面的原因,在发展过程中也发生了不少工程事故,特别是在建设大发展初期,工程事故较多。我在1981 年硕士研究生毕业留校任教后,与土工教研室的老师们一起一直从事基础工程加固和岩土工程事故处理工作。基础工程加固和事故处理事关工程建设顺利进展和社会稳定,难度大,风险也大,社会责任重,具有较大的挑战性。对基础工程加固和事故处理领域的问题,只要政府部门或业主委托,我都会认真投入,努力应对和解决。我们受委托处理的基础工程加固和事故案例,在一个地区或在同一事故案例类型中往往是第一次遇到,可参考的先例不多,我们采用的加固和纠倾技术往往是创新技术。下面介绍几个工程案例。

一、宁波甬江水底隧道沉井工程事故处理

　　宁波甬江水底隧道是我国第一条用沉管法修建在软土地基上的大型水底交通隧道,于 1988 年开工建设。甬江水底隧道作为集水井和通风口的竖井,位于隧道沉管和北岸引道连接处。尺寸为 $16m \times 18m$,深度为 $28.5m$。竖井采用沉井法施工,穿过淤泥层,坐落于粉细砂层或中细砂层。竖井采用钢筋混凝土底板。钢筋混凝土底板施工先采用抛石

压底,再采用井下浇注混凝土进行封底。由于沉井封底没有封好,沉井抽水后底板混凝土部位出现冒水涌砂现象,沉井发生超沉并倾斜。沉井超沉0.21~0.59m,产生不均匀沉降和倾斜。沉井停止抽水,沉井内水位回升稳定后停止继续超沉。应业主要求,我们提出了甬江水底隧道沉井事故处理和工程加固方案。基本思路是通过高压喷射注浆旋喷和定喷在竖井外围设置水泥土围封墙,然后在竖井封底混凝土底部通过静压注浆进行封底。注浆封底完成后再抽水。然后凿去多余的封底混凝土,再现浇混凝土底板。在处理加固施工过程中发现,竖井内涌砂达上百立方米。该工程的加固处理方案取得了良好的效果,相关加固技术后来在类似工程中多次得到应用。

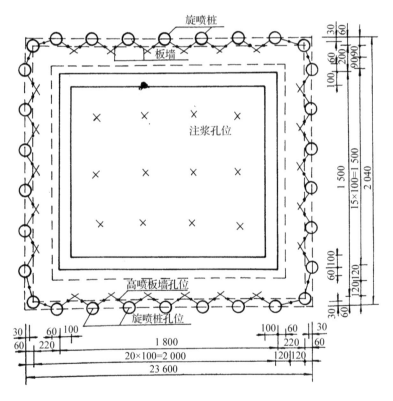

围封墙、高区喷射注浆孔、静压注浆孔位置(单位:mm)

二、萧山一水塔纠偏工程

水塔为钢筋砼结构,水塔总高29.5m,其筒体高24.0m,水箱高

5.5m,容积为100m^3;基础为钢筋砼圆形杯口基础,直径为7.0m,高度为0.35m;基础下地基采用深层水泥搅拌桩处理,搅拌桩直径为0.50m,长度为15.0m,桩体抗压强度为2.0MPa。水塔建成后,沉降稳定。后来在水塔边建了一栋六层住宅,住宅采用置于天然地基上的浅埋式平板基础,住宅基础边缘离水塔基础边缘仅2.0m。受住宅荷载的影响,水塔逐步产生向住宅方向的偏斜。根据水塔24.0m高度处测点的观测,此测点于1996年8月的水平位移已达157mm,水塔偏斜6.8%。根据观测,水塔的偏斜仍在继续发展,并无收敛迹象。水塔偏斜的进一步发展将影响水塔主体的稳定性。根据水塔业主单位的要求,我们对水塔进行了纠偏。

当时常用的纠偏方法有多种,但总的来说,可以归纳为两种:一为"阻",即通过适当的方法,阻止沉降侧发生进一步沉降,使沉降差不再继续增大;二为"纠",即通过适当的方法,使沉降小的一侧增加一定的附加沉降,以达到减小沉降差的目的。两种方法在工程上一般都是分开实施的,两种方法各自存在一定的缺点。第一种方法虽然阻止了建(构)筑物的进一步沉降,但保留了原来的沉降差,对偏斜并未进行真正的纠正;第二种方法虽然纠正了建(构)筑物的偏斜,但会加大建(构)筑物的总沉降。

根据水塔自身的特点,我们提出了一种集"阻"与"纠"于一体的纠偏方法,既可阻止水塔产生进一步的沉降,又可纠正水塔的偏斜,并使水塔恢复到原位,不使水塔产生附加沉降。这种方法与当时常用的"阻"与"纠"分别实施的方法相比,具有技术上和经济上的优越性。

具体而言,首先在沉降侧基础底板上开凿六个孔,通过这六个孔,逐根压入边长200mm的方形预制桩。在六根桩全部压入地基后,在每一根桩上各安装一个抬升架,共计六个抬升架。抬升架通过锚杆与基础连接,通过千斤顶与桩头连结。然后在统一指挥下,同时顶升六个千斤顶。

千斤顶的顶升带动抬升架的抬升,抬升架的顶升又通过锚杆带动沉降侧的基础向上抬升。当抬升量达到恢复水塔原位的要求时,即可停止抬升。在基础与地基的脱空段,灌注水泥浆,使其充满脱空区域。水泥浆硬化后,逐个拆除反力架,封好基础上所凿桩孔,使桩头与基础连成一体。

该工程采用集"阻"与"纠"于一体的方法纠正偏斜的水塔,取得了良好的效果。这种方法在类似工程中得到推广运用。

三、绍兴鹤池苑小区建筑地基加固与纠倾

绍兴鹤池苑小区几幢建筑物工后沉降持续发展且产生不均匀沉降,建筑物产生倾斜。小区住户意见很大,社会影响很大,群访政府有关部门要求进行事故处理。1996年,设计单位找了数家单位求助未果,最后到母校求助。我当时是系主任,他们直接找我,希望母校给予帮助。我答应组织专家处理。后应绍兴市政府办公室邀请,在政府招待所召开咨询会。我建议先到现场察看,会议组织者和部分专家担心到现场察看,群众干扰会很大,建议以业主和设计单位介绍为主。我坚持要去现场察看。现场围观群众多,虽有干扰,但通过与群众交流,我们对情况了解更全面,也可帮助政府做群众工作。经研究分析,我们的咨询意见主要有三条:现在建筑物安全,不影响安全居住;建筑物沉降和倾斜超标,而且还在继续发展,需要进行基础加固和纠倾,应尽快组织相关设计和施工;应进一步加强监测。

咨询会后,业主委托我们组织完成基础加固和纠倾设计。经专家组审查,业主委托我们组织与合作多年的专业施工单位进行基础加固和纠倾施工。

在确定基础加固方案时,讨论最多的是加固施工时,一、二层居户是否需要搬迁。若先搬迁,再加固,加固费用大。若在不搬迁的条件下,或者在不影响居户生活的条件下进行加固纠倾,不仅费用小,而且社会影响也小。经过深入细致分析,精心计算,我们决定在基本不影响居户生

活的前提下进行基础加固纠倾。在当时,这应该算是不小的创新,影响较大。

在房屋基础外侧,先在沉降多的一侧加宽基础并以锚杆静压桩加固;再在沉降少的一侧地基中钻孔取土促沉,纠倾后进行锚杆静压桩加固。通过精心设计和精心施工,该工程取得较好效果。工程的施工过程由浙江省电视台多次直播,社会效果也很好。

四、宁波一电厂水池工程地基加固

宁波一电厂地处深厚软黏土地基,软黏土层约30m。水池工程采用沉井法施工,水池20m左右见方,深15m左右,封底试蓄水后,水池发生沉降。设计、施工单位都是甲级单位,施工质量符合规范规定。为了控制沉降,在水池底板以下土层中进行注浆加固。注浆加固过程中,沉降从减缓到停止,再产生回升。回升一定量后,沉井沉降总量符合要求,验收合格后交业主投入使用。

投入使用后,水池蓄水后不断下沉,沉降不断发展。继续沉降可能导致进出水管断裂,进而可能导致停电,影响电网正常运行。大约在1997年,业主为避免停电事故,邀请我参与事故处理。到会专家中老前辈居多,当时我属年轻的。发生沉降的原因,会上没有专家说得清楚。因为水池标高基本与地面持平,水池混凝土的比重比土的比重大,但水池中水的比重比土的比重小,二者合计,水池与蓄水的重量要比挖出土的重量小很多。为什么地基上荷载小了,还会持续发生沉降?会上对此没有结论。专家提出了很多防止继续沉降的加固方案,如对水池基础进行加固。多数方案因对水池扰动偏大而被否定。最后业主采用了我们的加固方案。

我们的加固方案是在水池外侧2m以外通过高压施喷法施工形成四周封闭的水泥土围墙,类似前几年宁波一隧道沉井不均匀沉降事故处理方法。围墙形成后,视水池沉降情况,在水池底板下一定深度处的土层中动态注浆,以保证水池沉降稳定。如此,问题已解决,但事故原因还不清楚。

在那几年讲解高等土力学,或做讲座,我都会讲这一案例。一是请教,二是说明岩土工程的复杂性。过了几年,也未找到答案。

有一年冶金部门的土力学及基础工程学会在杭州开年会,邀请我做讲座,我又讲了这一案例。现场的一位老先生、上海宝钢一设计院原总工程师解释了这一现象。在宝钢的深厚软黏土地基上挖沟深 10m 的回弹量约 10cm。沉井的再次沉降是底层土体卸载回弹,再加载底层土体再固结压缩产生的沉降。在荷载不增加的条件下,再次沉降量不会超过回弹量,不过深层土体再固结过程也很慢,这样就合理解释了沉井"事故"的全过程。

教科书上有关回弹再压缩的内容其实已写得很清楚,但一到实际工程就犯迷糊、不清楚了。

五、上硬下软多层地基中挤土桩挤土效应影响分析

在上硬下软多层地基中,挤土桩施工产生的挤土效应复杂。下面三个工程案例分析表明,应重视上硬下软多层地基中挤土桩挤土效应的影响。

第一个案例地基土层分布如下。

1. 杂填土:主要由碎石、瓦砾和生活垃圾等回填而成,硬物含量大于 50%,其余为黏性土。全场分布。层厚 $0.30 \sim 2.60 \text{m}$。

2. 粉质黏土:土体含水量为 30.8%,天然孔隙比为 0.899,$E_s = 4.0 \text{MPa}$。层厚 $0.70 \sim 5.50 \text{m}$。

3. 淤泥质黏土:饱和,流塑。局部夹粉土薄层。土体含水量为 41.7%,天然孔隙比为 1.178,$E_s = 2.6 \text{MPa}$。全场分布。层厚 $1.00 \sim 6.60 \text{m}$。

4-1. 黏土:饱和,可塑。土体含水量为 26.6%,天然孔隙比为 0.762,$E_s = 6.0 \text{MPa}$。全场分布。层厚 $2.50 \sim 6.10 \text{m}$。

4-2.粉质黏土:饱和,可塑-软塑,局部流塑。夹薄层粉砂,局部相变为黏质黏土。土体含水量为30.7%,天然孔隙比为0.782,$E_s = 4.5$MPa。全场分布。层厚3.30~11.00m。

5.粉质黏土:饱和,硬塑。土体含水量为23.1%,天然孔隙比为0.664,$E_s = 12.0$MPa。全场分布。层厚2.00~8.30m。

下略。

对多层住宅楼设计选用夯扩桩基础,并以4-1黏土层和4-2粉质黏土层为夯扩桩的持力层。夯扩桩采用Φ377夯扩桩无桩尖施工,桩端进入持力层4-1层不少于2.5m。总桩长视各幢楼工程地质条件而稍有不同。设计有效桩长在7.7m和8.3m之间。配筋一般在3.50m左右(含凿桩段0.5m)。

根据桩基静载试验测试报告,单桩竖向极限承载力为818~960kN,单桩承载力满足设计要求。

该工程采用高应变和低应变测试,共测桩275根,其中Ⅰ类桩174根,Ⅱ类桩101根。Ⅱ类桩存在局部缩颈或离析。局部缩颈或离析深度最浅为2.0m,最深为4.0m,大部分在3.0m左右。据施工单位介绍,在开挖加固过程中目测多为裂缝。

笔者认为,该场地在表面硬壳层和持力层(4-1黏土层)之间存在一软弱淤泥质黏土层。该淤泥质黏土层平均含水量为41.7%,饱和、流塑,抗剪强度低。夯扩桩为挤土桩,在施工过程中将产生挤土效应。在该工程地质条件下,由于硬壳层较厚,挤土桩在施工过程中产生的挤土效应主要反映在软弱淤泥质黏土层中产生的侧向挤压作用。后续施工的桩将对周围已设置的桩产生较大的水平侧向压力。由于该水平侧向压力的作用,施工的桩对周围已设置的桩将在硬壳层和淤泥质黏土层界面处产生较大的剪切力。该工程桩钢筋笼一般只有3.5m左右(含凿桩段0.5m),因此该工程桩在硬壳层土体和淤泥质黏土层土体界面处的抵抗水平抗剪切能力很弱。该桩段很易产生裂缝,产生缩颈。特别是桩体混凝土尚未到养护时间,桩体破坏情况更为严重。

上述分析解释了该工程中不少工程桩在 2.0~4.0m 范围,大部分在 3.0m 左右处产生裂缝、缩颈的原因。

第二个案例在诸暨。我应邀参加诸暨一桩基工程事故原因分析会,据介绍,已召开两次专家讨论会,与会专家对事故原因未能取得统一意见。一沉管灌注桩基础,场地软黏土层厚 12m 左右,上覆盖 6m 左右硬壳层,下有较好的桩基持力层,硬壳层土层和软弱土层性质差别比上一工程还要大。设计桩长 20m 左右。采用沉管灌注桩,布桩密度比上一工程也要大一些。在桩基施工过程中,未能及时发现挤土效应的不良影响,直到进行桩基静载试验和动测试验时,才发现 2/3 以上的桩未达到设计要求。我认为在沉管灌注桩施工过程中,由于硬壳层刚度较大,下卧软土层中挤土效应主要产生侧向位移,特别是在软硬土层交界处,土体的相对位移很大,后续桩的施工将前面施工的桩体在软硬土层交界处挤断,这导致大部分桩在软硬土层界面处砼完全断开,设计的 20m 的桩变成了 6m(硬土层厚度)左右长的桩。大部分桩在软硬土层界面处发生严重的剪切破坏。我的分析得到了大家的认同。结合该工程案例,我指导学生完成了一篇博士学位论文。

第三个案例在嘉兴地区一镇上。一住宅楼工程正在进行深层搅拌桩施工,施工场地紧邻一已住人的住宅楼。该住宅楼另一侧各单元外出道路砼路面出现断裂裂缝,住宅楼没有出现不均匀沉降现象。搅拌桩没有施工前,道路完好,搅拌桩施工数天后,住宅区各单元外出道路砼路面产生裂缝,于是两家产生纠纷。主管部门邀请我去分析原因,协调纠纷。我到现场察看了场地,听取了工程地质情况和住宅楼基础工程介绍。住宅楼四周和施工现场四周道路中,只有住宅楼离施工现场远的一侧单元外出道路砼面板有明显裂缝。住宅楼采用水泥搅拌桩钢筋混凝土筏板基础,居民已入住 3 年,没有发生不均匀沉降。工程地质条件为有 5m 左右土质较好的硬壳层,下有约 15m 的较软的淤泥质黏土层,层厚比较均匀,再下面的土层较好。道路为什么会产生裂缝?进一步调查发现,在埋设煤气管道时,曾在住宅楼一侧挖沟,硬壳层土体结构曾被破坏。深层搅拌桩施工过程中,几百立方米水泥浆进入软土层,因为上有较结实且较厚的硬壳层,所以地基土体向上位移很小,侧向挤压位移较大,遇到薄弱处,土层向上隆起,造成道路砼路面产生裂缝。搅拌桩施工速度减慢,可减缓挤压力,产生的砼路面裂缝不会影响交通,可待新建工程竣工后再一次修补裂缝。我的分析得到各方认同。该案例也提高了我对水泥土桩施工对环境影响的认识。

在硬壳层很薄或基本上没有硬壳层的软土地基中,挤土桩的挤土效应很容易被察觉,容易得到设计、施工人员的重视,而在上硬下软多层地基中,挤土桩的挤土效应往往容易被忽视,或者估计不足。上硬下软多层地基中挤土桩挤土效应的影响范围常常超出人们的估计,应予以重视。

六、绍兴一小区不均匀沉降事故处理

绍兴一小区因建筑物沉降尚未稳定而难以通过验收,设计单位征求我的意见。

该小区自地面起土层分布如下。

1. 粉质黏土:平均厚 2.5m,地基土承载力特征值为 90kPa。

2. 淤泥质粉质黏土:平均厚 20.0m,地基土承载力特征值为 55kPa。

3. 粉砂:厚约 4.0m,地基土承载力特征值为 180kPa。

4. 淤泥质粉质黏土,平均厚 10.0m,地基土承载力特征值为 65kPa。

5. 粉砂:厚 1.0 ~ 6.0m,地基土承载力特征值为 220kPa。

6. 砾砂:厚约 8.0m,地基土承载力特征值为 350kPa。

再以下依次是强风化基岩、中风化基岩等。

该小区建筑多为七层异形柱框架结构,无地下室。小区在建设过程中大面积填土两次。在基础施工前填土厚约 80cm,在上部结构施工期间填土厚约 100cm,两次共填 180cm。基础设计采用下述两种形式:

(1)采用桩筏基础,以土层 3 作为桩基持力层;

(2)采用桩筏基础,以土层 5 作为桩基持力层。

上部结构竣工半年多后,以土层 5 作为桩基持力层的建筑沉降很小,观测资料表明,建筑物沉降约 20mm,而且沉降基本稳定;以土层 3 作为桩基持力层的建筑沉降较大,观测资料表明,建筑物平均沉降约 120mm,而且沉降还在不断发展,尚未稳定。另外还发现,以土层 5 作为桩基持力层的建筑本身沉降很小,但室外地坪沉降较大,房屋散水处已出现裂缝;而以土层 3 作为桩基持力层的建筑沉降较大,但室外地坪沉降也较大,未见建筑物与室外地坪之间产生沉降差的迹象。据分析,由于大面积填土荷载的作用,土层 2 和土层 4 的固结压缩变形还将持续几年,整个小区地面将持续发生沉降。预计近几年内还将持续发生沉降 120mm 左右。以土层 3 作为桩基持力层的建筑,主要由于土层 4 的固结压缩变形,也将持续发生沉降;而以土层 5 作为桩基持力层的建筑沉降基本稳定。

由以上分析发现该工程存在两个问题:以土层 5 作为桩基持力层的桩筏基础是以端承为主的桩基础,建筑沉降已稳定,但房屋散水处的裂缝会影响设计的建筑物形象,还可能因地面继续沉降而发生室内外管线拉断,酿成事故;以土层 3 作为桩基持力层的桩筏基础可称为复合桩基,也可称为刚性桩复合地基,建筑物和地面的沉降还会持续数年。对可能发生室内外管线拉断处,可采用柔性接头。对小区地面沉降,可以通过设计适当预留高程,保证地面持续沉降不影响与邻区的平衡,以及小区地面排水的畅通。

笔者建议,以后遇到类似工程,统一采用刚性桩复合地基,按变形控制理论进行设计。

七、启东工商银行大楼地基加固与纠倾

启东工商银行大楼高 18 层,设有地下室一层,采用浅基础。建成后,工后沉降持续时间长,且有不均匀沉降发生,房屋产生倾斜。补勘后发现,砂层下面还有一层软弱土层。

我们受委托后,给出处理意见:对沉降较大的一侧先采用锚杆静压桩加固,然后对沉降较少的一侧进行基底取土促沉,待纠倾后再采用锚杆静压桩加固。纠倾加固方案在实施过程中遇到困难。

加固施工单位是我们长期合作的单位,施工经验丰富。遇到的困难是静压桩穿不透地基中的砂层。到上海买最大的千斤顶,还是穿不透。一边施工受阻,一边倾斜加大,真是急人。这是我遇到的最棘手的工程。我在现场差不多住了一周。后来改用钢管桩,还是压不穿。最后用静压加管内冲水才穿过砂层,加固纠倾成功。18 层纠倾在当时也算比较高了。采用钢管桩加固比原方案增加不少加固费用,业主还算开明,他们补了这笔资金差额。

八、玉环一危楼地基加固

大约在 2012 年,玉环一高层住宅楼因不均匀沉降,地下室钢筋混凝土柱被压裂,经有关专家鉴定,决定拆除。拆除录像在中央电视台播出,反响强烈。该小区还有数栋高层存在类似不均匀沉降及倾斜现象,怎么办?无人愿意接手处理。再拆一栋,该小区房屋开发公司就要破产,当地政府也难以承受房产公司破产带来的社会风险。进行基础加固和纠倾的风险大,责任重。那年春节期间,业内饭局上都会议论这事。我做了初步调查,请玉环市领导组织专家组,并表示我愿意负责该小区的基础加固和纠倾工作。春节后,我建议玉环市领导邀请浙江省建筑设计研究院、浙江省建筑工程施工公司等单位的专家组成专家组,通过调查分析、补勘,提出加固方案。

该小区场地为围海造地形成。围海造地分两次完成:第一次在二十

多年前,开山填海,形成陆域;为了房地产开发需要,五年前再次填土,填至现在场地标高,形成建筑场地。填土层下卧软黏土层比较均匀,填土层土体成分比较复杂,采用管桩基础,静压设置桩基础。采用桩基础是对的,但采用静压管桩基础不合理,如采用钻孔灌注桩基础,比较容易保证质量。我们采用钻孔灌注桩基础替换,基础加固效果良好。

九、杭州桩基漏水事故处理

杭州一高层建筑采用钻孔钢筋混凝土灌注桩,桩径1000mm或1200mm,桩长40m左右。桩底端在砾石层,地基土层多为黏土层、粉土层。勘察报告表明有承压水,但未说明承压水大小。地下室施工采用降水。在浇注桩基础承台和地下室底板前,发现部分桩体有渗水现象,渗水使桩顶断面5%～10%的面积湿润,多数在桩中心,少数在桩一侧,个别可见渗流,但水量也极小,只能湿润部分桩面,没有形成水流。桩基静载试验和动测试验表明,桩的竖向承载力和桩体质量满足设计要求。

业主发现桩体漏水现象后,找了不少专家咨询,但专家意见不一。不少专家认为需要对桩体进行加固,还有专家认为需要补桩。其理由是桩体渗水对桩中的钢筋发生锈蚀作用,会影响桩的承载力。我认为混凝土是渗水体,竣工后桩中钢筋与砼都在水位以下工作。桩体砼渗透性大小对钢筋发生锈蚀的影响不大。桩体渗透性大小与桩体的抗压强度大小是两个概念。由于静载试验和动测试验表明桩的承载力满足要求,因此我的意见是不需要对桩体进行加固。但应指出:混凝土虽属于渗水体,但桩长40m,桩径1000mm,如桩体砼均匀密实,在地基降水条件下,桩上不应出现部分湿润的现象。上述现象说明桩体砼密实不均匀,属于不正常现象。施工单位应该改进桩基施工工艺,在以后的工程中避免该类现象出现。

工程问题很复杂,不正常现象是否一定要处理?笔者认为不一定。具体问题,应具体分析。如需处理,则必须处理;如可以不处理,则不要处理。可以不处理的不正常现象是否可以听之任之？也不行！要找出原因,改进施工工艺,杜绝不正常现象出现。

十、绍兴一工程案例引起的思考——应重视工后沉降分析

绍兴在一新区建一中心广场。场地工程地质情况如下:最上为 1.3m 左右填土,下为 0.8m 左右粉质黏土和 10.0m 左右淤泥质黏土,再下面是粉质黏土,最后是砾砂等。中心广场一边是建筑物,另一边是高低错落的看台,中心是圆形喷泉区。喷泉区与中心广场处于同一地平面,地坪面向中心微倾。当喷泉喷水时,水流可自动流回处于喷泉区的集水井;当喷泉不喷水时,人们可在广场地坪上组织活动。其建筑构思甚好。

设计时,设计人员考虑到看台区荷载较大,采用桩基础;圆形喷泉区比较重要,埋在地下的钢筋混凝土水池下的软弱土层采用水泥搅拌桩加固;其他采用天然地基。整个地坪统一采用高挡面板。

中心广场建成数月后,发现采用桩基础的看台区沉降最小,采用水泥搅拌桩加固的圆形喷泉区沉降也很小,其他区域沉降则较大,由此产生的看台区与广场地坪区之间的不均匀沉降约有半个台阶之大。随着工后沉降的发展,两者之间的不均匀沉降量接近一个台阶的高度,此时可沿看台区增设一台阶,因此处理成本并不高,对广场美观的影响也小。但不均匀沉降使广场地坪区低于圆形喷泉区,喷泉喷水时落在四周广场地坪上的水无法流回处于喷泉区的集水井,因此不均匀沉降对使用功能影响较大。另外,不均匀沉降使中心广场整个地坪产生裂缝。

该设计有三点很值得深思。一是人们很不重视软土地基上填土引起的工后沉降,对产生的总沉降量估计不足,对沉降持续时间也估计不够。二是对埋在地下的钢筋混凝土水池造成的荷载估计偏大。钢筋混凝土水池使用时造成的荷载由钢筋混凝土结构重量和水的重量组成,对喷泉池而言还有设备重量。钢筋混凝土的比重和喷水设备材料的比重比土的比重大,但占体积较大的水的比重要比土的比重小,况且还不能盛满,因此不少情况下,埋在地下的钢筋混凝土水池在使用时的重量比同体积土体的重量小。从协调二区沉降来看,广场地坪区采用天然地基,圆形喷泉区也应采用天然地基。另外,埋在地下的钢筋混凝土水池在使用时也可能发生沉降,这与挖土卸载土体回弹变形和充水加载土体再压缩产生沉降有关,这里不再展开,但其量较小。三是人们对工后不均匀沉降和可能造成的危害不重视,有时口头重视,但一遇到实际问题就忘了。据了解,该工程由建筑师和结构工程师完成,没有岩土工程师参与,这一点也值得我们深思。总之,在软黏土地基上进行工程建设时,应重视工后沉降分析,早做预判,尽量避免不均匀沉降造成危害。

我从 1981 年留校任教至今已有四十多年,几乎每个学期都会遇到几个需要咨询、评估分析、委托处理的基础工程加固和岩土工程事故分析的案例。在基础工程加固和事故处理技术方面,理论上的认识往往是通过工程实践不断深入的。我认为,岩土工程事故处理、岩土工程施工环境效应与对策、既有建筑物地基加固与纠倾最能考验一个岩土工程师的综合实力,上述领域的磨炼能有效提升岩土工程师的能力和水平。

1998 年,我与孙钧院士(中国科学院学部委员)共同主持国家自然科学基金重点项目"受施工扰动影响的土体环境稳定理论和控制方法"的研究工作。同济大学和北京交通大学侧重研究隧道工程施工的影响,我们侧重研究基坑工程施工和桩基工程施工的影响。项目研究成果于2003 年获教育部提名国家科学技术奖一等奖。

太沙基在《工程实用土力学》序中的这段话非常重要:"工程师们必须善于利用一切方法和所有材料——包括经验总结、理论知识和土壤试验。但是,除非对这些材料细心地有区别地应用,否则所有这些材料都是无益的,因为几乎每一个有关土力学的实际问题至少有某些特点是没有先例的。"没有先例,就需要创新。对每一个基础工程加固和岩土工程事故的案例,都需要细心分析,采用创新技术去分析解决。

在进行岩土工程事故原因分析和基础工程加固及建筑物纠倾工作中,一定要重视对场地工程地质条件和水文地质条件的调查,重视对场地环境条件的调查,重视对建筑物沉降发展过程的分析研究,查明发生岩土工程事故、建筑物沉降或不均匀沉降过大的原因。要将场地地基和建(构)筑物作为整体考虑,在采取基础加固和纠倾方案时,也要将地基、基础和上部结构作为整体考虑。在基础加固和建筑物纠倾过程中,要加强监测,坚持边施工、边监测的原则,实现动态施工。

我与岩土工程西湖论坛

在我于 2011 年当选中国工程院院士后,浙江大学建筑工程学院党政领导希望我能组建一个研究中心,发挥更大的作用。盛情难却,我又开始担当部分行政管理职责。2012 年,经学校批准,浙江大学滨海和城市岩土工程研究中心(以下简称中心)成立。

在中心成立会上,我做了题为"浙江大学滨海和城市岩土工程研究中心建设和发展思路汇报"的发言,大意如下。

中心要以现代化建设需要为发展动力,加强基础理论研究,坚持以人为本,坚持产、学、研相结合,坚持为工程建设服务,同心协力,努力做到人尽其才、物尽其用,出成果、出人才。要把中心办成在国内外学术界和工程界有较大影响力的岩土工程研究中心。国内外较大影响力主要反映在下述三个方面:要把中心建成岩土工程大师的培养基地;要完成一批有影响力的科研成果,发表和出版一批有影响力的论文、著作;办好一本学术刊物《地基处理》,加强国内外学术交流,要让中心成为一个有影响力的学术交流中心。

中心要通过承担国家重大、重点科学研究项目,增强活力,提高科研水平;通过与企业合作建立院士专家工作站和工程研究中心,促进产、学、研相结合;通过参与国家和地方重大、重点工程项目建设(包括咨询、设计、监测等),解决工程建设中遇到的难题。

中心发展强调多学科结合,包括岩土工程、交通工程、海洋工程、水利工程、材料工程、结构工程、化学工程、机械工程等;强调开放性,建立的研究开发中心、工程研究中心、实验室、院士专家工作站等都应是开放的,向校内外、国内外开放;强调产、学、研相结合;强调为工程建设服务;强调追求卓越、追求创新、追求领先。中心成立教授委员会,规划、确定、调整研究方向,对中心的学术工作提出咨询意见。

为了使中心成为一个有影响的学术交流中心,2013年10月,中心主办海洋土木工程前沿研讨会和第一届岩土工程新技术发布推广会;2014年10月,主办城市岩土工程前沿论坛;2015年10月,主办城市地下空间开发利用前沿论坛;2016年10月,主办城市岩土工程西湖论坛。在2016年城市岩土工程西湖论坛期间,我建议将每年在杭州主办的系列会议定名为"岩土工程西湖论坛"。

岩土工程西湖论坛强调为工程建设服务,每年一个主题,论坛主题在前一年的年底由主办单位与大众协调确定;强调面向土木工程多个行业,包括建筑工程、交通工程、海洋工程、水利工程等;强调面向岩土工程

海洋土木工程前沿研讨会合影(2013)

第一届岩土工程新技术发布推广会合影（2013）

城市地下空间开发利用前沿论坛暨第九届浙江大学曾国熙讲座合影（2016）

全领域,包括勘测、设计、施工、管理、科研、教学、设备生产等。论坛主题确定后,我们围绕论坛主题,组织和邀请全国有关专家参会并做主题报告,同时邀请有关专家撰写该主题各方面的新经验、新理论、新方法、新技术,并在会前请中国建筑工业出版社出版,在论坛前作为会议资料发给论坛参加者。

在岩土工程西湖论坛上参加讨论　　　　　在岩土工程西湖论坛上做报告
（2019）　　　　　　　　　　　　　　　（2020）

岩土工程西湖论坛合影（2019）

　　现在岩土工程西湖论坛由中国土木工程学会土力学及岩土工程分会、岩土工程西湖论坛理事会、《地基处理》杂志社、浙江大学滨海和城市岩土工程研究中心等单位共同主办，中国工程院土木、水利与建筑工程学部指导。岩土工程西湖论坛于每年10月的第三个星期的星期五报到，周六一天及周日半天举行论坛，论坛地点设在杭州花家山庄。2017—2023年岩土工程西湖论坛的主题分别为"岩土工程测试新技术""岩土工程变形控制设计理论与实践""地基处理新技术新进展""岩土工程地下水控制理论技术及工程实践""岩土工程计算与分析""海洋岩土工程"和"城市地下空间开发岩土工程新进展"。经协商,2024 年岩土工程西湖论坛的主题为"交通岩土工程新进展"。

岩土工程西湖论坛系列丛书

我对岩土工程发展的思考

20 世纪末,受卢肇钧和孙钧两位中国科学院学部委员(院士)邀请,我撰文展望新世纪岩土工程的发展。据了解,卢肇钧院士是根据中国土木工程学会的安排组织编写,孙钧院士是根据中国科协的意见组织编写。根据卢肇钧院士建议写的内容见卢肇钧院士的文章《关于土力学发展与展望的综合述评》。根据孙钧院士建议写的文章《21 世纪岩土工程发展展望》先刊于《岩土工程学报》2000 年第 2 期,后进一步修改和补充为《岩土工程问题与前瞻》(高大钊主编,人民交通出版社,2001)的一章"21 世纪岩土工程态势"。撰写"21 世纪岩土工程态势"的具体过程如下。1999 年左右,高大钊教授来信说,孙钧院士根据中国科协安排,组织编写《岩土工程新世纪展望》一书,问我是否同意参与编写。我回信说:非常感谢邀请,如可以,我可参与编写地基处理或基坑工程方面的内容,这两个方面我比较熟悉。后来高大钊教授来信告诉我,孙钧院士安排我编写新世纪岩土工程发展态势方面的内容。收到信后,我感到有点为难,给高大钊教授打电话表示可能力不从心。他说孙钧院士与他反复考虑过,觉得这个内容还是让我编写比较好。他们认为我的知识面比较宽、精力比较充沛。于是我接受了编写任务。我在编写过程中请教了多位老师、同行和学生,共同分析了 12 个应予以重视的研究领域,展望了 21 世纪岩土工程的发展。编写完成后不久,高大钊教授告诉我中国科协取消了出版计划。在这种情况下,我把编写好的文章改写成论文并交给了《岩土工程学报》,论文在 2000 年第 2 期刊出。没有想到,此文引用量和下载量很高,影响较大。又过了一段时间,高大钊教授告诉我,考虑到应邀作者大部分已完成编写工作,他们联系了人民交通出版社,该社同意出版。于是我在《岩土工程学报》已发表文章的基础上又做了补充和完善,将其作为《岩土工程问题与前瞻》中的一章。其中地下工程部分是高大钊教授补充的。有了这段经历,进入新世纪后,我经常会思考岩土工程如何发展的问题。

在思考岩土工程如何发展时,绕不开岩土工程、土力学和太沙基土力学的关系问题,特别是三者如何发展以及发展的相互关系。我觉得人们对三者的认识及其相互关系的认识有时是模糊的。最新版的百科全书对"岩土工程"是这样定义的:"20 世纪 60 年代末至 70 年代,将土力学及基础工程学、工程地质学、岩体力学应用于工程建设和灾害治理的统一称为岩土工程。岩土工程包括工程勘察、地基处理及土质改良、地质灾害治理、基础工程、地下工程、海洋岩土工程、地震工程等。岩土工程译自 Geotechnical Engineering,在台湾译为大地工程。"对"土力学"是这样定义的:"土力学是土木工程学的一个分支,是应用理论力学、材料力学、流体力学等基础知识研究土的工程性质以及研究与土有关的工程问题的工程技术学科,其主要任务是研究分析地基承载能力、土体的变形和稳定问题,以及土中渗流问题。土力学也被认为是工程力学的一个分支,但它与其他工程力学分支不同。土力学的研究对象——土是自然、历史的产物。不仅不同类土的工程性质不同,就算是同一类土,在不同区域,其工程性质也可能有较大差别。研究对象的特殊性决定了土力学学科的特殊性。土力学奠基人太沙基认为,'土力学是一门应用科学,更是一门艺术'。"

在思考岩土工程、土力学和太沙基土力学三者关系时,土力学是指作为力学理论的土力学。下面先介绍我对太沙基土力学的理解。

1923年,太沙基的固结理论论文首次发表,但反响很小。1924年,太沙基的固结理论论文在国际力学大会上发表,反响强烈,有效应力原理得到认可。1925年,《土力学》(*Erdbaumechanik auf Bodenphysikalischer Grundlage*)出版,被认为创建了土力学学科。1936年,国际土力学及基础工程协会成立。1942年,太沙基出版专著《理论土力学》,他在该书的序中说:"理论土力学是应用力学的许多分支中的一个。在应用力学的各个领域内,研究者仅讨论理想材料而已。……本书仅限于叙述理论原理。"(引自徐志英译本)我觉得可认为太沙基的《理论土力学》是属于力学理论的土力学。1948年,太沙基与他的学生佩克合著《工程实用土力学》,他在该书的序中说:"本书第一篇叙述土壤的物理性质,第二篇是土力学的理论。这两篇很短……本书的主要部分是第三篇。第三篇叙述在天然土层结构复杂和土壤资料短缺的情形下,以合理的费用求得土方地基工程的满意结果的技术。"(引自蒋彭年译本)普遍认为,《工程实用土力学》进一步完善了太沙基建立的土力学理论。由《工程实用土力学》完善的太沙基建立的土力学可称为太沙基土力学。这是我对太沙基土力学的理解。也有不少学者把它称为土工学,我觉得也可称为土工分析。太沙基土力学是土木工程学的一个分支。在成立浙江大学岩土工程研究所以前,浙江大学称土工教研室,而非土力学教研室。在称岩土工程以前,我国高校中称土力学教研室的可能多于称土工教研室的。名称不同,教和学的内容基本相同,但对学科的认识是有差别的。

在几年前的一次全国力学研讨会上,我发表了一个观点:我们对太沙基建立的有效应力原理的力学贡献评价不够。理论力学研究质点、质点系和刚体在力作用下的平衡与运动,理论体系完善。弹性理论和塑性理论研究弹性和塑性连续介质在力作用下的位移与变形,理论体系也基本完善,但限于单相连续体,例如固体、气体和液体。太沙基建立的有效应力原理开创了多相体连续介质力学的研究,并成功地建立了饱和黏性土（二相体）一维固结理论。但对多相体力学的研究至今进展很小。太沙基1925年建立的土力学开创了多相连续体力学的研究，但也只是开创。土力学还不能算是一门力学。

在讨论岩土工程如何发展前，先谈谈土力学的发展史。我在给学生讲解高等土力学时，通常会先介绍土力学的发展史。对土力学发展史，通常有三种意见。第一种意见分为三个阶段：古代（奠基时期），1925年以前；近代（发展时期），1925—1963年；现代（新时期），1963年以后。第二种意见也分为三个阶段：第一时期，1773年以前；第二时期，1773—1925年；第三时期，1925年以后。第三种意见分为两个阶段：土力学学科诞生（1925年）以前；土力学学科诞生（1925年）以后。1773年，法国的库仑创建了土压力理论和抗剪强度理论；1856年，法国的达西创建了渗透理论达西定理；1857年，英国的兰金创建了极限平衡理论和土压力理论；1923年，太沙基创建了固结理论，并于1925年出版《土力学》；1963年，罗斯科建立剑桥本构模型。对土力学发展阶段的三种意见是从不同角度提出的。三十多年前我宣传第二种分法，现在我宣传第三种分法。或者说，现在应重视太沙基土力学的主导作用。太沙基土力学倡导的主要不是力学，而是一种分析方法，是土工学或土工分析的一种方法。

有了上面的分析，再来讨论岩土工程如何发展就比较容易了。考虑岩土工程的发展，需要综合考虑工程建设或社会发展，对岩土工程发展的要求、岩土工程学科的特点，以及相关学科发展对岩土工程的影响。

工程建设或社会发展对岩土工程发展的要求促进了岩土工程的发展。从岩土工程发展史和我国七十多年来岩土工程的发展回顾都可以看出是工程建设的需求促进了岩土工程的发展。改革开放前，土木工程建设规模很小，超过五层的住宅建筑很少，大多住宅建筑为一至二层；交通工程级别低，规模小；水利事业发展繁荣，中小型水库较多。所以改革开放前,我国的岩土工程专家多在水利部门工作,著名的岩土工程教授多在水利系,在土木工程系的岩土工程教授亦为水利工程建设服务。那时研究的问题多为稳定问题和渗流问题。改革开放后,建筑住宅小区建设蓬勃发展,接着高速公路、高速铁路、机场工程发展迅速,地基变形问题日益突出,特别是城市化迅速推进,保持地基稳定已不能满足需要,重要的是要满足变形控制要求。近年来,城市地下空间开发利用的发展对岩土工程提出了更多新的要求。社会发展的需求促进了岩土工程的发展,这一点是比较容易理解的。

考虑岩土工程的发展,需要考虑岩土工程学科的特点。岩土工程学科的特点与岩土工程的研究对象——岩土的特点密切相关。岩土是自然历史的产物,土体的形成年代、形成环境和形成条件等不同,使土体的矿物成分和土体结构产生很大的差异,而土体的矿物成分和结构等因素对土体性质有很大影响。这就决定了土体性质不仅区域性强,而且个体之间差异性有时也很大。即使在同一场地,同一层土的土体性质沿深度、沿水平方向也存在差异。同是软黏土,杭州、宁波、台州和温州的黏土性状亦有差异,天津、上海、杭州和湛江的黏土性状差异更大。周镜院士团队曾研究报道珠江、长江和黄河的沙的差异。地基中初始应力场复杂且难以测定。土是多相体,一般由固相、液相和气相三相组成。土体中的三相很难区分,处于不同相的土可以相互转化。地下水位的升降可使部分非饱和状态的土体变为饱和状态,或由饱和状态变为非饱和状态。下雨可使土体由非饱和状态变为饱和状态,蒸发可使表层土由饱和状态变为非饱和状态。土中水的状态十分复杂。以黏性土中的水为例,土中水有自由水、弱结合水、强结合水、结晶水等不同形态。黏性土中这些不同形态的水很难定量测定和区分,而且随着条件的变化,土中不同形态的水相互之间可以相互转化。土的本构关系很复杂,很难用弹性、黏性、塑性、黏弹性、弹塑性、黏弹塑性来描述它,土体还具有剪胀性、各向异性,土的本构关系还与应力路径、加荷速率、应力水平、土体成分、结构、状态等有关。土体具有结构性,与土的矿物成分、形成历史、应力历史和环境条件等因素有关,十分复杂。地基土层分布及各土层的物理力学性质的指标一般通过工程勘察测定。一个场地如请两家或多家勘察单位测定,则会遇到麻烦,各家提供的指标肯定会不一样。所以说,土体的强度、变形和渗透特性测定困难。岩土工程的研究对象——岩土的上述特点对岩土工程特点的影响很大。2007年,顾宝和在《岩土工程界》刊文《浅谈岩土工程的专业特点》,分析了岩土工程对自然条件的依赖性和条件的不确定性,岩土工程计算条件的模糊性和信息的不完全性,以及岩土工程参数的不确定性和测试方法的多样性,认为在岩土工程中依靠单纯力学计算不能解决实际问题,需要定性分析和定量分析相结合,进行综合工程判断。顾宝和提出的岩土工程分析"不求计算精确,只求判断正确"的理念得到业界的普遍认可。顾宝和还曾多次提出岩土工程设计应是概念设计的理念。近几年我多次强调,在岩土工程计算分析中采用的设计分析方法、分析时采用的计算参数、参数的测定和选用、安全系数的选用这四者一定要相互匹配(即"四一致"原则),否则分析结果毫无意义。太沙基在《工程实用土力学》的序中曾指出:"工程师们必须善于利用一切方法和所有材料——包括经验总结、理论知识和土壤试验。但是,除非对这些材料细心地有区别地应用,否则所有这些材料都是无益的,因为几乎每一个有关土力学的实际问题至少有某些特点是没有先例的。"太沙基在《理论土力学》的序中强调:"作者(指太沙基自己)的大部分力量将用来提炼工地经验,并对有关土的物理性质知识应用到实际问题上去的技术加以发展。"太沙基晚年多次指出,"岩土工程是一门应用科学,更是一门艺术(Geotechnology is an art rather than a science)"。2005年,我在《加强对岩土工程性质的认识,提高岩土工程研究和设计水平》一文中提到:"我理解这里的'艺术'(art)不同于一般绘画、书法等艺术。岩土工程分析在很大程度上取决于工程师的判断，具有很高的艺术性，岩土工程分析中应将艺术和技术巧妙地结合起来。"因此，考虑岩土工程的发展，一定要重视结合岩土工程学科的特点。

考虑岩土工程的发展，也需要考虑相关学科发展对它的影响。对它影响比较大的学科，有计算机技术、测试技术、数值计算方法、工程材料以及设备制造等。计算机技术的发展有力促进了现代科学和技术的发展，对岩土工程发展的影响也不例外。岩土工程计算机分析的发展有力提高了岩土工程技术水平。数值计算方法、测试技术近些年来发展很快，岩土工程数值分析发展迅猛。测试技术进步有利于岩土参数合理选用水平的提高，也有利于施工技术以及岩土工程运营过程中养护和管理技术的进步。工程材料的进步可促进岩土工程施工机械能力不断发展，从而有力促进岩土工程的发展。以隧道工程为例，施工设备和测试技术的发展有力促进了隧道工程的发展。总之，考虑岩土工程的发展，一定要重视对相关学科发展的影响。

二十多年前，我在应孙钧院士和高大钊教授邀请撰写的《21 世纪岩土工程发展态势》（收于图书《岩土工程的回顾与前瞻》第 13 章，高大钊主编，人民交通出版社，2001）中从下述 16 个方面分析 21 世纪岩土工程发展态势：

（1）区域性土分布和特性；

（2）本构模型；

（3）不同介质相互作用及结构与地基共同作用分析；

（4）岩土工程测试技术；

（5）岩土工程问题计算机分析；

（6）按沉降控制设计理论；

（7）桩基础；

（8）地基处理技术；

（9）复合地基；

（10）深基坑工程；

（11）环境岩土工程；

（12）周期荷载以及动力荷载作用下土的性状；

（13）岩土工程可靠度分析；

（14）土工合成材料的应用；

（15）地下工程；

（16）特殊岩土工程问题。

在 2023 年给研究生上高等土力学课，介绍 21 世纪岩土工程发展态势时，我曾说如现在出第二版，我会将上述 16 个方面调整如下：

（1）区域性土分布和特性；

（2）本构模型；

（3）结构与地基共同作用及不同介质相互间作用分析；

（4）岩土工程测试技术；

（5）岩土工程计算机分析；

（6）岩土工程变形控制设计理论；

（7）桩基础；

（8）地基处理；

（9）复合地基；

（10）基坑工程；

（11）环境岩土工程；

（12）海洋岩土工程；

（13）周期荷载以及动力荷载作用下土的性状；

（14）土工合成材料的应用；

（15）地下工程；

（16）特殊岩土工程问题。

两者比较,变化不大。后者少了岩土工程可靠度分析,增加了海洋岩土工程。这里不对岩土工程上述 16 个方面的发展态势做一一介绍,仅简要讨论其他几个相关问题,如岩土工程分析方法、岩土工程勘察、岩土工程设计计算、岩土工程本构模型、岩土工程变形控制设计等。

对岩土工程的分析,我认为首先要详细掌握土力学基本概念、工程地质条件、土的工程性质、工程经验,在此基础上采用经验公式法、数值分析法和解析分析法进行计算分析。在计算分析中要因地制宜,抓主要矛盾,具体问题具体分析,宜粗不宜细、宜简不宜繁。然后在计算分析的基础上,结合工程经验类比,进行综合判断。最后进行岩土工程设计。在岩土工程分析过程中,数值分析结果是提供给工程师进行综合判断的主要依据之一。

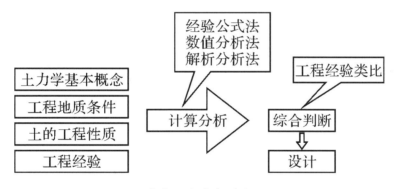

岩土工程分析过程

目前对岩土工程勘察看法较多,设计单位对勘察成果不满意,勘察单位认为收费太低,而业主单位觉得勘察费付得不值。我觉得岩土工程勘察的许多问题源自现行勘察体制的不合理。在我国现行勘察体制下,按工程勘察规范进行勘察,而不是按具体工程的设计要求进行有针对性的勘察。工程勘察报告愈来愈厚,不少内容对设计参考价值不大。这是造成业主觉得勘察费用高,而勘察单位觉得收费低的主要因素。除此以外,该体制是 20 世纪 50 年代照搬苏联的体制,有不少错误观念。如地基承载力不仅与土的强度有关,还与基础形式有关。在确定基础形式前是难以确定地基承载力的。事实上,岩土工程勘察只能提供土层厚度、土的物理力学性质参数,不可能提供每一土层的承载力。地基中某一土层的承载力应该是一个错误的概念。基础选型特别是地下工程围护形式的合理选用是岩土工程设计的内容,在工程勘察阶段是难以完成的,但现在也是工程勘察报告的内容。对岩土工程勘察可能需要在机制体制上做一些改革,才能取得比较好的效果。不少勘察报告中对土的不排水抗剪强度和土的抗剪强度指标的概念表述也是模糊或错误的。我曾写过一篇短文《从某勘测报告不固结不排水试验成果引起的思考》,现摘录如下。

最近参加一地基处理方案评审,在某甲级勘测单位提供的报告中,由不固结不排水剪切试验(UU 试验)得到土的抗剪强度指标 c 和 φ,而且 φ 均不等于零。UU 试验是用来测定土的不排水抗剪强度 c_u 值的。不排水抗剪强度不同于抗剪强度指标,前者是试样的不排水抗剪强度值,后者是用于计算试样所取土层的土体的抗剪强度值的指标。

测定土体抗剪强度的方法通常有三轴固结不排水剪切试验(CIU 试验)、不固结不排水剪切试验(UU 试验)和现场十字板试验,另外还有无侧限压缩试验和直剪试验等。这里对图示土层 2 只讨论前三个试验。由十字板试验得到的土体不排水抗剪强度沿深度是不断增大的。将处于不同深度的土体单元 A、B、C 的土样进行 UU 试验所得到的不排水抗剪强度值分别记为 c_{uA}、c_{uB} 和 c_{uC},则有 $c_{uC} > c_{uB} > c_{uA}$。

由三轴固结不排水剪切试验(CIU 试验),可以得到有效应力强度指标 c'、φ' 值和总应力强度指标 c、φ 值。对正常固结黏土,$c = c' = 0$。采用单元 A 的土样进行 CIU 试验,与采用单元 B、单元 C 的土样进行 CIU 试验相比,得到的有效应力强度指标 c'、φ' 值和总应力强度指标 c、φ 值是一样的。

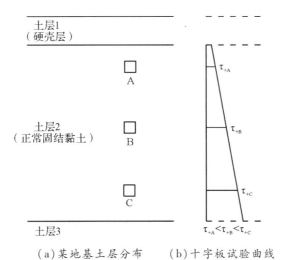

（a）某地基土层分布　（b）十字板试验曲线

某地基土层分布和十字板试验曲线

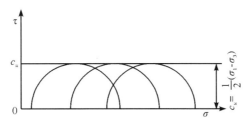

不固结不排水剪切试验（UU 试验）

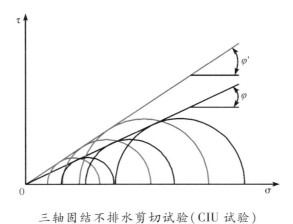

三轴固结不排水剪切试验（CIU 试验）

土体的抗剪强度可以采用 Mohr-Coulomb（摩尔-库仑）公式计算，抗剪强度有效应力指标表达式和总应力指标表达式如下：

$$\tau_f = c' + \sigma' \tan\varphi' \tag{1}$$

$$\tau_f = c + \sigma \tan\varphi \qquad (2)$$

式中 τ_f 为土的抗剪强度值;σ 和 σ' 分别为土体中的法向总应力和法向有效应力值。土层 2 中不同深度处土体的有效应力强度指标 c'、φ' 值和总应力强度指标 c、φ 值是一样的,但沿深度土体中总应力和有效应力值是增加的。因此,同一土层中土的抗剪强度值是增加的。由上面分析可知:(1)可以由三轴固结不排水剪切试验(CIU 试验)、不固结不排水剪切试验(UU 试验)和现场十字板试验得到土体的不排水抗剪强度;(2)土体的不排水抗剪强度和土的抗剪强度指标是不同的概念;(3)不固结不排水剪切试验(UU 试验)和现场十字板试验测到的是土体的不排水抗剪强度值,而三轴固结不排水剪切试验(CIU 试验)测到的是土的抗剪强度指标;(4)由某一深度土样通过三轴固结不排水剪切试验(CIU 试验)测得的抗剪强度指标和土中应力代入 Mohr-Coulomb 公式可以计算土体的抗剪强度,但由某一深度土样通过不固结不排水剪切试验(UU 试验)测得的不排水抗剪强度值是不能得到土的抗剪强度指标值的。

综上可知,由不固结不排水剪切试验(UU 试验)得到土的抗剪强度指标 c、φ 值是错误的。而这一错误概念不仅出现在勘测报告中,而且出现在某些规范规程中,出现在某些教科书中,出现在一些计算软件中,故写此文以期引起讨论、重视。

对于岩土工程设计计算,前面曾提到经验公式法、数值分析法和解析分析法三类方法。形成经验公式需要大量的工程实践资料积累,不是每一个工程都有较好的经验公式可用。解析分析法对于较复杂的工程也是很难适用的。现在期刊上经常出现解析分析法,仔细阅读后发现论文作者给出的假定条件很多,这些假定条件与实际情况相差过大,由此带来的误差也不可估计,因此解析分析很难用于实际工程。近年来数值分析法发展很快,数值分析结果是提供给工程师进行综合判断的主要依据之一。以有限元分析为例,亦有不少问题值得我们重视。一是本构模型的合理选用,下面还会做较详细分析;二是不同物质结构间界面单元的合理选用、边界条件的合理选用,都会有这样那样的困难;三是计算分析形成的误差大小难以评估,特别是非线性分析中迭代计算引起的误差更难评估。因此数值分析方法的结果也只能用于参考。不仅如此,数值分析法和解析分析法都基于连续介质力学分析基础,而岩土体是自然历史的产物,如何评估不同岩土体与连续介质体的区别也有不少困难。这些问题都需要我们重视,努力去研究。

下面谈谈我对岩土工程本构模型研究如何发展的想法。采用连续介质力学理论分析岩土工程问题时,合理选用本构模型是关键。我在《21 世纪岩土工程发展态势》一文中谈了我的思考。自罗斯科与他的学生创建剑桥本构模型至今,各国学者已发展了数百个本构模型,但得到工程界和学术界普遍认可的极少,严格地说尚没有。看来,企图建立能反映各类岩土的、适用于各类岩土工程的理想本构模型是困难的,或者说是不可能的。因为实际工程土的应力应变关系很复杂,具有非线性、弹性、塑性、黏性、剪胀性、各向异性等,同时,应力路径、强度发挥度,以及岩土的状态、组成、结构、温度等均对其有影响。开展岩土的本构模型研究可以从两个方向努力:一是建立能进一步反映某些岩土体应力应变特性的理论模型;二是建立用于解决实际工程问题的工程实用模型。理论模型包括各类弹性模型、弹塑性模型、黏弹性模型、黏弹塑性模型、内时模型、损伤模型、结构性模型等。它们应能较好地反映岩土的某种或几种变形特性,是建立工程实用模型的基础。工程实用模型应是为某地区岩土、某类岩土工程问题建立的本构模型,应能反映这种情况下岩土体的主要性状。用其进行工程计算分析,可以获得满足工程建设所需精度的令人满意的分析结果。例如建立适用于基坑工程分析的上海黏土实用本构模型、适用于沉降分析的上海黏土实用本构模型,等等。笔者认为,研究建立多种工程实用模型可能是本构模型研究的方向。在以往本构模型研究中,不少学者只重视本构方程的建立,而不重视模型参数的测定和选用,也不重视本构模型的验证工作。在以后的研究中,特别要重视模型参数的测定和选用,重视本构模型验证以及推广应用研究。只有这样,才能更好地为工程建设服务。二十多年来,我一直很关心本构模型研究的发展,对本构模型如何发展的看法基本没有改变。

岩土工程变形控制设计理论近年发展很快。变形控制设计理论要求将变形控制作为首要设计目标,先满足变形的要求,再对稳定性(承载力)进行验算。发展岩土工程按变形控制设计理论是工程建设发展的需要,越来越多的工程要求按变形控制设计。按变形控制设计有利于控制工后沉降,有助于控制岩土工程施工对周围环境的影响。发展岩土工程按变形控制设计理论对岩土工程变形计算理论和方法提出了更高的要求。按沉降控制设计要求提高沉降计算的精度,要求进行优化设计,从而使工程设计更为合理。近年来,岩土工程按变形控制设计理论和设计计算方法发展较快,并取得了不少进展,但尚未形成系统的理论,缺乏较成熟的岩土工程按变形控制设计计算方法。岩土工程技术人员应重视发展岩土工程按变形控制设计理论,不断提高岩土工程技术水平。

在岩土工程计算分析中要坚持"四一致"原则,前面已经提过,这里再强调一下,以示其重要性。在岩土工程计算分析中采用的设计分析方法、分析时采用的计算参数、参数的测定和选用、安全系数的适用这四者要一致。在不一致的条件下所得的分析结果毫无意义。例如,在边坡稳定分析中,采用瑞典圆弧法,还是 Bishop 法,还是其他分析法;在土体抗剪强度参数选用上,采用总应力强度指标,还是有效应力强度指标;在测定强度指标上,采用直切剪切试验,还是三轴剪切试验(甚至还与取土样方法和试验设备有关);在安全系数的选用上,亦是同理。

岩土工程施工总体要坚持"边观察、边施工"的原则,这与岩土工程特点有关。坚持"边观察、边施工",需要发展岩土工程测试技术。岩土工程施工要重视施工设备的施工能力和施工技术水平的提高。

最后建议重视桩基植入法的发展。以往,预制桩一般采用锤击法或静压法在地基中设置,挤土效应对环境影响大,而且锤击法噪声大,不适宜在城市中采用,有时还会遇到复杂地层难以穿透的问题。采用钻孔灌注法在地基中设置桩,泥浆排放对环境影响大,而且有时施工质量难以保证。采用植入法在地基中设置桩可以解决采用锤击法或静压法可能引发的环境影响问题,也可以解决采用钻孔灌注法可能引发的桩的施工质量难以保证的问题。近年来,我国引进、发展了多种桩的植入技术,值得推广应用。

附录1 简 历

1.1 学 历

1949 年 9 月—1953 年 7 月	浙江省汤溪县罗埠区莲湖乡山下龚初级小学
1953 年 9 月—1955 年 7 月	浙江省汤溪县罗埠高级小学
1955 年 9 月—1958 年 7 月	浙江省汤溪初级中学
1958 年 9 月—1961 年 1 月	浙江省金华第四中学(原汤溪初级中学)
1961 年 2 月—1961 年 7 月	浙江省金华第一中学
1961 年 9 月—1967 年 7 月	清华大学土木建筑系工业与民用建筑专业
1978 年 9 月—1981 年 7 月	浙江大学岩土工程专业硕士研究生
1982 年 2 月—1984 年 9 月	浙江大学岩土工程专业博士研究生

1.2 工作简历

1968 年 5 月至 1981 年 9 月	在国防科委 8601 工程处(中国人民解放军兰字 823 部队)工作,参加公路、桥梁、路堤等工程的设计和施工工作,任国防科委 8601 工程处公路大队副大队长兼技术主管。8601 工程处撤销后,在其所属的国防科委 1405 研究所(中国人民解放军 1440 部队)基建办公室任工程组组长,负责 1405 研究所基建工程技术管理工作
1981 年 9 月至今	任浙江大学教师
1981 年 9 月—1984 年 9 月	浙江大学土木工程学系土工学教研室教师
1984 年 10 月—1986 年 11 月	浙江大学土木工程学系土工学教研室讲师
1986 年	晋升为副教授
1986 年 12 月—1988 年 4 月	获洪堡基金会奖学金,赴德国卡尔斯鲁厄大学土力学与岩石力学研究所从事研究工作,合作导师为 Gerd Gudehus 教授
1988 年 4 月	回到浙江大学土木工程学系土工学教研室
1988 年 5 月—1989 年 7 月	任浙江大学土木工程学系副主任
1988 年 12 月	晋升为浙江大学教授

1989 年	撤销土工学教研室,成立浙江大学岩土工程研究所,任副所长(至 2004 年)
1989 年 8 月—1990 年 3 月	任浙江大学土木工程学系副主任(主持工作)
1994 年 5 月—1999 年 9 月	任浙江大学土木工程学系主任
1994 年 5 月—1999 年 9 月	任浙江大学建筑工程学院副院长
1993 年	被国务院学位委员会聘为岩土工程博士研究生导师
2002 年	获特许注册土木工程师(岩土)执业资格
2011 年 12 月	当选中国工程院院士
2012 年	任浙江大学滨海和城市岩土工程研究中心主任

1.3　要点简记

1944 年 10 月 12 日	出生于浙江省金华地区汤溪县山下龚村
1949 年 9 月	入读山下龚初级小学
1961 年 9 月	入读清华大学土木建筑系工业与民用建筑专业(六年制)
1962 年	"材料力学"课程因材施教生,导师为张福范教授
1963 年	"结构力学"课程因材施教生,导师为杨式德教授
1963 年 5 月 25 日	加入中国共产党
1965 年 9 月	参加社会主义教育运动,任北京延庆西五里营工作队副队长,1966 年 5 月回学校
1968 年 5 月	毕业后被分配到国防科委 8601 工程处工作(地点:陕西凤县)
1969 年	任国防科委 8601 工程处南费公路大队副大队长、技术主管
1969 年	首次负责设计和施工的桥梁(南家关战备桥)通车
1971 年	任国防科委 1405 研究所基建办公室工程组组长
1978 年 9 月	浙江大学硕士研究生,导师为曾国熙教授
1981 年 7 月	硕士研究生毕业,获岩土工程硕士学位,留校任教
1983 年	发表第一篇科技论文,获 1984 年浙江大学科技成果理论一等奖

1984 年 9 月 12 日	通过博士论文答辩(导师为曾国熙教授),成为我国岩土工程界和浙江省自己培养的第一位博士
1984 年	任中国土木工程学会土力学及基础工程学会地基处理学术委员会委员、秘书
1984 年 12 月	任《地基处理手册》编委会编委、秘书,负责具体组织工作;1986 年 8 月书稿交中国建筑工业出版社;1988 年出版发行
1985 年	作为副导师开始指导第一位硕士研究生
1985 年	首次出国参加在日本名古屋举行的第五届国际岩土力学数值分析方法会议,应邀做会议报告
1985 年	在浙江大学组织举行岩土工程研究生教学和学术讨论会,浙江大学、同济大学、河海大学、空军工程学院、南京水利科学研究院等单位参加;会议期间发起并组织编写《计算土力学》
1986 年	晋升为浙江大学副教授
1986 年	任第一届全国地基处理学术讨论会组委会负责人
1986 年 12 月	获联邦德国洪堡基金会奖学金,赴德国卡尔斯鲁厄大学从事研究工作
1988 年 4 月	从德国回国
1988 年 5 月	任浙江大学土木工程学系副主任
1988 年 12 月	晋升为浙江大学教授
1989 年 4 月	任《桩基工程手册》编委会编委、秘书,负责具体组织工作;1994 年书稿交中国建筑工业出版社;1995 年出版发行
1989 年 8 月	任浙江大学土木工程学系副主任(主持工作)
1990 年	出版第一部独著《土塑性力学》
1990 年	任中国土木工程学会第三届土力学及岩土工程分会副理事长,继任第四、五、六届副理事长
1990 年	任浙江省自然科学基金项目"复合地基承载力和变形计算理论研究"(1990—1992)和国家自然科学基金项目"柔性桩复合地基承载力和变

<table>
<tr><td></td><td>形计算与上部结构共同作用研究"（1990—1992）
项目负责人</td></tr>
<tr><td>1990 年 10 月</td><td>创办《地基处理》刊物,任报刊负责人</td></tr>
<tr><td>1991 年</td><td>在《地基处理》上连载《复合地基引论》,首次创建
复合地基理论框架</td></tr>
<tr><td>1991 年</td><td>作为副导师指导的第一位博士研究生毕业</td></tr>
<tr><td>1991 年</td><td>任中国土木工程学会土力学及基础工程学会地基
处理学术委员会主任</td></tr>
<tr><td>1992 年</td><td>出版第一部复合地基专著《复合地基》</td></tr>
<tr><td>1992 年</td><td>获国务院政府特殊津贴</td></tr>
<tr><td>1992 年</td><td>创建浙江省力学学会岩土力学与工程专业委员
会,任主任</td></tr>
<tr><td>1992 年</td><td>提议并大力支持举办由中国力学学会土力学专业
委员会、中国土木工程学会土力学及基础工程学
会、中国水利学会岩土力学专业委员会和中国建
筑学会地基基础学术委员会联合主办的系列全国
岩土力学与工程青年工作者学术讨论会</td></tr>
<tr><td>1993 年</td><td>被国务院学位委员会办公室聘为岩土工程博士研
究生导师</td></tr>
<tr><td>1994 年</td><td>任浙江大学土木工程学系主任</td></tr>
<tr><td>1994 年</td><td>受国家自然科学基金委员会材料与工程科学部的
委托,在杭州组织召开建筑环境与结构工程学科
领域中年专家学术交流会</td></tr>
<tr><td>1994 年</td><td>创建浙江浙峰工程顾问有限公司,任法定代表人</td></tr>
<tr><td>1995 年</td><td>创办浙江大学土木工程教育基金会,任会长、
理事长</td></tr>
<tr><td>1995 年</td><td>发起并组织募捐、建造浙江大学土木科技馆,任基
建领导小组组长,1998 年建成</td></tr>
<tr><td>1996 年</td><td>出版我国第一部高等土力学研究生教材《高等土
力学》,被许多高等学校采用</td></tr>
<tr><td>1996 年</td><td>任金华博士联谊会会长</td></tr>
</table>

1996 年	受福建建工集团邀请,任《深基坑工程设计施工手册》主编,负责编写组织工作;1998 年出版发行
1998 年	受聘为全国注册岩土工程师考题设计与评分专家组成员
1998 年	第一部外文版著作《土塑性力学(韩文版)》由欧美书馆出版
1998 年	指导第一位外籍(约旦籍)博士研究生(Bassam, M.)毕业,他也是浙江大学培养的以中文完成学业的第一位外籍博士
2002 年	获茅以升科学技术奖·土力学及基础工程大奖
2002 年	获特许注册土木工程师(岩土)执业资格
2004 年	任中国建筑学会施工分会基坑工程专业委员会主任
2007 年	任《岩土工程学报》黄文熙讲座撰稿人
2008 年	任浙江省岩土力学与工程学会第一届理事会理事长
2011 年	当选中国工程院院士
2012 年	主编的中华人民共和国国家标准《复合地基技术规范》(GB/T 50803—2012)发布
2012 年	任浙江大学滨海和城市岩土工程研究中心主任
2016 年	获浙江省教学成果奖一等奖
2016 年	任中国岩石力学与工程学会第八届副理事长
2017 年	出版《我的求学之路——记于大学毕业五十周年之际》
2017 年	发起和组织一年一度的岩土工程西湖论坛
2018 年	领衔的"复合地基理论、关键技术及工程应用"获国家科学技术进步奖一等奖
2018 年	领衔的"'大土木'教育理念下土木工程卓越人才'贯通融合'培养体系创建与实践"获高等教育国家级教学成果奖二等奖

2019 年	1990 年创刊的《地基处理》获国家新闻出版总署批准公开发行
2021 年	《地基处理（第二版）》获首届全国教材建设奖·全国优秀教材（高等教育类）二等奖
2022 年	获何梁何利基金科学与技术进步奖·工程建设技术奖
2022 年	领衔的"软弱地基深大基坑支护关键技术及工程应用"获浙江省科学技术进步奖一等奖
2023 年	浙江大学教育基金会龚晓南教育基金成立

附录 2 指导研究生论文目录[*]

硕士研究生

1. 陈希有[#]　　　1987　　土的各向异性及其对条形基础承载力的影响
2. 粘精斌[#]　　　1988　　反分析确定土层的模型参数
3. 陈列峰[#]　　　1988　　软粘土地基各向异性探讨
4. 张龙海　　　　1992　　圆形水池结构与复合地基共同作用分析
5. 刘绪普　　　　1993　　单桩及群桩的沉降特性研究
6. 曾小强　　　　1993　　水泥土力学特性和复合地基变形计算研究
7. 张永强　　　　1994　　考虑各向异性的软土地基沉降计算方法
8. 尚亨林　　　　1995　　二灰混凝土桩复合地基性状试验研究
9. 刘吉福　　　　1996　　高填路堤复合地基稳定性分析
10. 蒋云峰　　　　1996　　软粘土次固结变形的实用性研究
11. 史美东（女）　1996　　考虑强度空间与时间效应的承载力理论
12. 陈锦霞（女）　1996　　大直径钻孔灌注桩承载力特性
13. 侯永峰　　　　1997　　水泥土的基本性状研究
14. 胡庆红　　　　1997　　基坑支护变形分析
15. 毛　前　　　　1997　　复合地基压缩层厚度及垫层的效用研究
16. 朗庆善　　　　1997　　水池基础下水泥搅拌桩复合地基承载力研究
17. 肖　滨　　　　1998　　深层搅拌桩复合地基承载力的可靠度研究
18. 楼晓东　　　　1998　　水泥土桩复合地基的固结有限元分析
19. 王　晖　　　　1998　　土工织物加筋土强度特性
20. 张吾渝（女）　1999　　基坑开挖中土压力计算方法探讨
21. 项可祥　　　　1999　　杭州粘土的结构性特性
22. 周　霄　　　　1999　　挤密砂桩复合地基施工质量控制
23. 邹　冰　　　　1999　　深基坑支护体系的变形性状分析
24. 杨　慧（女）　2000　　双层地基和复合地基压力扩散角比较分析
25. 顾正维　　　　2000　　软土地基基坑工程事故原因分析

---

*带#的硕士研究生表示协助指导,带#的博士研究生表示任副导师。

26. 王文豪	2000	基坑工程双排桩围护结构性状
27. 张耀东	2000	深埋重力—门架式围护结构性状研究
28. 董邑宁	2001	固化剂加固软土试验研究
29. 杨仲轩	2001	考虑时间和位移效应的土压力理论研究
30. 张天宝	2001	地下洞室群围岩稳定性分析
31. 周群建	2001	扁铲侧胀试验（DMT）的机理分析及其应用
32. 应建新	2001	桩-土-筏板共同作用分析
33. 史美生	2001	土钉支护原理及工程应用
34. 黄明辉	2001	振动静压预制桩沉桩工艺及其应用
35. 洪文霞（女）	2002	青岛开发区工程地质特性及地基处理对策
36. 陆宏敏	2002	单桩沉降计算的一种解析方法
37. 杨军龙	2002	长短桩复合地基沉降计算
38. 张京京	2002	复合地基沉降计算等效实体法分析
39. 苏晓樟	2002	温州地区桥头路堤沉降综合治理研究
40. 徐刚毅	2002	超长水泥搅拌桩复合地基工程应用
41. 郑　坚	2002	支钉支护工作性能及在软土地基基坑围护中的应用
42. 邓　超	2002	长短桩复合地基承载力与沉降计算
43. 朱　奎	2002	温州地区挤土桩环境影响及防治措施
44. 杨丽君（女）	2003	绍兴城区软土地基工程特性及地基处理方法
45. 祝卫东	2003	温州软土和台州软土工程特性及其比较分析
46. 胡加林	2004	袋装砂井处理软粘土路堤地基沉降与稳定性研究
47. 刘恒新	2004	低强度桩复合地基加固桥头软基试验研究
48. 冯俊福	2004	杭州地区地基土 m 值的反演分析
49. 楼永良	2005	真空预压加固深厚软土地基现场试验与设计理论研究
50. 杨凤灵（女）	2005	高压旋喷桩复合地基在高层住宅楼中的应用
51. 梁晓东	2005	复合地基等效实体法研究
52. 段　冰	2005	真空-堆载联合预压的影响因素研究及数值分析
53. 孙亚琦	2005	超前锚杆复合土钉支护在软土层中的应用研究
54. 高月虹（女）	2005	杭州地区深基坑围护合理型式的选用
55. 刘岸军	2006	土层锚杆和挡土排桩共同作用的工程实用研究
56. 高海江	2006	真空预压法加固软土地基试验研究

57. 应齐明　　　2006　　大直径现浇混凝土薄壁筒桩加固路堤软基试验研究

58. 吕秀杰（女）　2006　　嘉兴主要城区建筑物基础的合理选型

59. 谷　丰（女）　2006　　纠倾加固技术在绍兴城区倾斜建筑物中的应用

60. 张瑛颖（女）　2006　　杭州地区粉砂土中基坑降水面的数值模拟

61. 陈建荣　　　2007　　真空堆载联合预压技术在高速公路软基加固中的应用

62. 屠建波　　　2007　　真空联合堆载预压处理软土地基的机理及应用

63. 李　征　　　2007　　绍兴县建筑基础型式选用研究

64. 应志峰　　　2008　　温岭龙门港工程方案设计分析与研究

65. 俞红光　　　2008　　杭新景高速公路滑坡治理

66. 徐朝辉　　　2008　　水泥搅拌桩在浙江内河航道软基处理中应用试验研究

67. 丁晓勇　　　2008　　钱塘江河道形成及古河道承压水性状研究

68. 李中坚　　　2008　　温州地区水闸工程地基处理技术研究

69. 高　峻　　　2008　　高承压水地基深基坑支护设计及隔渗施工技术研究

70. 王勇军　　　2008　　台州市区工程地质特性及基础形式合理选用

71. 周爱其　　　2008　　内撑式排桩支护结构的设计优化研究

72. 江新冬　　　2008　　真空联合堆载预压设计与现场监测

73. 周晓龙　　　2009　　湖州地区工程地质特性及单桩有效桩长研究

74. 焦　丹（女）　2010　　软粘土电渗固结试验研究

75. 冯伟强　　　2011　　公路筒桩复合地基数值分析

76. 周志刚　　　2011　　预应力锚索格构梁加固边坡的优化设计及安全系数计算

77. 钱天平　　　2012　　坑中坑对基坑性状影响分析

78. 甘　涛　　　2012　　宁波轨道交通盾构法隧道施工引起的地表沉降的规律研究

79. 黄　曼　　　2012　　岩石模型结构面的相似材料研制及力学可靠性研究

80. 曹强凤（女）　2013　　注浆技术在公路路面基层加固中的研究与应用

81. 俞剑龙　　　2013　　钻孔灌注扩底桩抗拔承载力及耐久性研究

82. 李一雯（女）　2013　　电极布置形式对电渗效果的试验研究

83. 黄　磊　　　2013　　山区高填方地基强夯试验及加筋土挡墙工作性能研究

84. 杨　淼（女）　2013　　新型螺旋成孔根植注浆竹节管桩抗压抗拔承载特性研究

85. 梅狄克　　　2014　　变电站软土区挡土墙稳定性分析及基底强夯挤淤处理研究

86. 孙中菊（女）　2014　地面堆载作用下埋地管道的力学性状分析

87. 伍程杰　2014　增层开挖对既有建筑桩基承载性状影响研究

88. 肖鸿斌（女）　2015　软土地区 PHC 管桩的纠偏加固治理

89. 李存谊　2017　电渗联合真空预压现场试验研究和数值分析

90. 王志琰　2017　杭州地区连续墙支护深基坑变形性状研究

91. 解　才　2018　静钻根植竹节桩抗压与抗拔承载特性数值模拟研究

92. 邵佳涵　2018　注浆参数对桩基承载性能影响的试验研究和数值模拟

93. 高　翔　2020　纠偏注浆对盾构隧道影响分析及数值模拟研究

94. 黄　晟　2020　软土地区预应力竹节桩挤土效应及承载性能研究

95. 陈鹏飞　2020　各主要因素对内支撑式基坑变形影响的敏感性分析

96. 崔连忠　2020　隧道矿山法施工对邻近既有水工隧洞的安全影响分析

97. 魏支援　2021　砂加卵石双地层预应力锚索传力机理及设计优化研究

98. 李洛宾　2021　软土地区大直径盾构施工引发地表位移实测分析及预测

99. 张晓笛（女）　2022　土与结构相互作用的状态空间分析方法及工程应用

100. 王雪松　2022　Phc 能源桩换热的离散元数值模拟研究

101. 任建飞　2023　考虑桩-水泥土接触面摩擦特性的静钻根植桩计算方法研究

102. 刘清瑶（女）2023　软土地区预应力竹节桩承载特性试验与数值模拟研究

103. 陈卓杰　2024　海底沉管隧道 DCM 桩复合地基沉降计算及预测方法研究

104. 王　腾　2024　纤维-工业固废协同固化土力学特性及离散元模拟研究

博士研究生

1. 王启铜[#]　1991　柔性桩的沉降（位移）特性及荷载传递规律

2. 张土乔[#]　1992　水泥土的应力应变关系及搅拌桩破坏特性研究

3. 段继伟[#]　1993　柔性桩复合地基的数值分析

4. 徐日庆[#]　1994　软土地基沉降数值分析

5. 张　航[#]　1994　油罐下软粘土地基处理智能辅助决策系统

6. 余绍锋[#]　1995　带撑支挡结构的计算与监测

7. 蒋镇华[#]　1996　有限里兹单元法及其在桩基和复合地基中的应用

8. 严　平[#]　1997　多高层建筑基础工程的极限分析

9. 俞建霖　1997　软土地基深基坑工程数值分析研究

10. 鲁祖统	1998	软土地基静力压桩数值模拟
11. 金南国	1998	混凝土受集中荷载作用的弹性、极限状态分析及其在工程中的应用
12. 黄广龙	1998	岩土工程中的不确定性及柔性桩沉降可靠性分析
13. Bassam, M.	1998	The analysis of composite foundation using finite Ritz element method
14. 周　建（女）	1998	循环荷载作用下饱和软粘土特性研究
15. 童小东	1999	水泥土添加剂及其损伤模型试验研究
16. 黄明聪	1999	复合地基振动反应与地震响应数值分析
17. 杜时贵	1999	岩体结构面的工程性质
18. 谭昌明	1999	高等级公路软土路基沉降的反演与预测
19. 杨晓军	1999	土工合成材料加筋机理研究
20. 温晓贵	1999	复合地基三维性状数值分析
21. 赵荣欣[#]	2000	软土地基基坑工程的环境效应及对策研究
22. 罗嗣海	2000	软弱地基强夯与强夯置换加固效果计算
23. 张仪萍	2000	深基坑拱形围护结构拱梁法分析及优化设计
24. 俞炯奇	2000	非挤土长桩性状数值分析
25. 侯永峰	2000	循环荷载作用下复合土与复合地基性状研究
26. 陈福全	2000	大直径圆筒码头结构与土的相互作用性状
27. 洪昌华	2000	搅拌桩复合地基承载力可靠性分析
28. 马克生	2000	柔性桩复合地基沉降可靠度分析
29. 熊传祥	2000	软土结构性与软土地基损伤数值模拟
30. 李向红	2000	软土地基中静力压桩挤土效应问题研究
31. 陈明中	2000	群桩沉降计算理论及桩筏基础优化设计研究
32. 吴慧明（女）	2001	不同刚度基础下复合地基性状
33. 李大勇	2001	软土地基深基坑工程邻近地下管线性状研究
34. 施晓春	2001	水平荷载作用下桶形基础的性状
35. 曾庆军	2001	强夯和强夯置换加固效果及冲击荷载下饱和粘土孔压特性
36. 左人宇	2001	"一桩三用"技术及实践
37. 陈页开	2001	挡土墙上土压力的试验研究与数值分析
38. 黄春娥（女）	2001	考虑渗流作用的基坑工程稳定分析

39. 袁　静（女）　2001　软土地基基坑工程的流变效应

40. 李海晓　2001　复合地基和上部结构相互作用的地震动力反应分析

41. 张旭辉　2002　锚管桩复合土钉支护稳定性研究

42. 王国光　2003　拉压模量不同弹性理论解及桩基沉降计算

43. 葛忻声　2003　高层建筑刚性桩复合地基性状

44. 褚　航　2003　复合桩基共同作用分析

45. 冯海宁　2003　顶管施工环境效应影响及对策

46. 岑仰润　2003　真空预压加固地基的试验及理论研究

47. 宋金良　2004　环–梁分载计算理论及圆形工作井结构性状分析

48. 罗战友　2004　静压桩挤土效应及施工措施研究

49. 李海芳　2004　路堤荷载下复合地基沉降计算方法研究

50. 朱建才　2004　真空联合堆载预压加固软基处理及工艺研究

51. 孙红月（女）　2005　含碎石粘性土滑坡的成因机理与防治对策

52. 丁洲祥　2005　连续介质固结理论及其工程应用

53. 孙　伟　2005　高速公路路堤拓宽地基性状分析

54. 王　哲　2005　大直径灌注筒桩承载性状研究

55. 陈志军　2005　路堤荷载下沉管灌注筒桩复合地基性状分析

56. 邢皓枫　2006　复合地基固结分析

57. 邵玉芳（女）　2006　含腐殖酸软土的加固研究

58. 孙林娜（女）　2007　复合地基沉降及按沉降控制的优化设计研究

59. 金小荣　2007　真空联合堆载预压加固软基试验及理论研究

60. 鹿　群　2007　成层地基中静压桩挤土效应及防治措施

61. 沈　杨　2007　考虑主应力方向变化的原状软粘土试验研究

62. 陈敬虞　2007　软粘土地基非线性有限应变固结理论及有限元法分析

63. 罗　勇　2007　土工问题的颗粒流数值模拟及应用研究

64. 连　峰　2009　桩网复合地基承载机理及设计方法

65. 王志达　2009　城市人行地道浅埋暗挖施工技术及其环境效应研究

66. 汪明元　2009　土工格栅与膨胀土的界面特性及加筋机理研究

67. 吕文志　2009　柔性基础下桩体复合地基性状与设计方法研究

68. 郭　彪　2010　竖井地基轴对称固结解析理论研究

69. 史海莹（女）　2010　双排桩支护结构性状研究

70. 张　磊　　　2011　水平荷载作用下单桩性状研究

71. 杨迎晓（女）2011　钱塘江冲海积粉土工程特性试验研究

72. 李　瑛　　　2011　软黏土地基电渗固结试验和理论研究

73. 张雪婵（女）2012　软土地基狭长型深基坑性状分析

74. 张　杰（女）2012　杭州承压水地基深基坑降压关键技术及环境效应研究

75. 田效军　　　2013　粘结材料桩复合地基固结沉降发展规律研究

76. 王继成　　　2014　格栅加筋土挡墙性状

77. 严佳佳　　　2014　主应力连续旋转下软粘土非共轴变形特性试验和模型研究

78. 陈东霞（女）2014　厦门地区非饱和残积土土水特征及强度性状研究

79. 陶燕丽（女）2015　不同电极电渗过程比较及基于电导率电渗排水量计算方法

80. 豆红强　　　2015　降雨入渗-重分布下土质边坡稳定性研究

81. 刘念武　　　2015　软土地区支护墙平面及空间变形特性与开挖环境效应分析

82. 周佳锦　　　2016　静钻根植竹节桩承载及沉降性能试验研究与有限元模拟

83. 朱　旻　　　2019　已建盾构隧道注浆纠偏机理及工程应用研究

84. 朱成伟　　　2020　常动态水位水下隧道水土压力响应研究

85. 高神骏　　　2021　颗粒破碎对土持水特性影响的试验与模型研究

86. 李宝建　　　2021　复杂静动力加载条件下钙质砂剪切特性与本构模拟

87. 郭盼盼　　　2022　基坑开挖诱发地下管线变形及控制研究

88. 甘晓露　　　2022　隧道开挖引发上部既有隧道纵向结构响应研究

89. 雷　刚　　　2022　岩石地层矿山法地铁隧道施工围岩力学响应及支护设计方法研究

90. 刘　峰　　　2023　深厚软土地基中悬浮筋箍碎石桩承载特性及细观机理研究

91. 赵小晴（女）2023　大跨径悬索桥沉井-钻孔灌注桩复合锚碇基础承载性能研究

92. 过　锦　　　2024　基坑开挖引起邻近地下结构响应和变形主动控制机理研究

93. 陈张鹏　　　2024　基于状态空间法的盾构隧道动静力响应研究

附录3 合作博士后出站报告目录

博士后

1. 肖专文（女）　1997—1999　深基坑工程辅助设计软件系统——"围护大全"的开发与研制
2. 韩同春　1997—1999　岩土工程勘察软件系统的开发与研制
3. 李昌宁　2000—2004　真空-填土自载联合预压加固软土机理及其应用研究
4. 曾开华　2001—2003　高速公路通道软基低强度混凝土桩处理试验研究
5. 陈昌富　2002—2005　组合型复合地基加固机理及仿生智能优化分析计算方法研究
6. 黄　敏　2002—2005　带翼板预应力管桩承载力研究
7. 薛新华　2009—2011　路堤沉降动态控制方法研究
8. 喻　军　2010—2013　软土地基深大基坑施工对周边土工环境的影响与防治对策
9. 鲁　嘉　2010—2013　深大基坑地下连续墙施工周边土工环境的影响评价与对策研究
10. 狄圣杰　2012—2014　海洋地层工程地质力学特性研究及桩土作用分析
11. 陈小亮　2013—2019　软土地层盾构法施工的环境扰动机理与控制技术研究
12. 崔新壮　2014—2016　传感型土工格栅研发及其拉敏效应研究
13. 叶帅华　2014—2018　框架预应力锚杆加固黄土边坡振动台试验及动力响应参数分析
14. 单　通　2015—2017　地下工程新建或改造对近邻地铁影响分析及其防护对策
15. 严佳佳　2014—2016　考虑应力方向效应地铁隧道长期沉降特性研究
16. 韩冬冬　2017—2019　超大锚碇基础受力机理分析与试验研究
17. 陈　刚　2016—2019　新型预应力混凝土桩的研究与工程应用
18. 刘念武　2016—2019　软黏土地区地下深开挖对邻近设施影响及保护对策研究

19. 甘鹏路　　2017—2019　可液化地层中盾构隧道地震破坏机理及加固措施研究

20. 孙威廉　　2017—2019　盾构隧道施工对邻近既有设施安全影响评价方法研究

21. 李忠超　　2017—2019　高承压富水沙层深基坑变形性状及控制技术研究

22. 周佳锦　　2018—2020　水泥土性质对静钻根植竹节桩承载性能影响研究及工程应用

23. 王宽军　　2017—2020　精准原位测试方法和参数研究

24. 邓声君　　2019—2023　动水环境下超浅埋地层长距离管幕冻结技术研究

25. 张延杰　　2020—2023　山岭隧道地质超前探测与施工风险防控技术研究

26. 万　灵（女）2021—2024　公路隧道多源信息聚类融合监测及衬砌结构损伤辨识研究

附录4 访问学者名单

1. 陈东佐   1994—1995   太原大学土木系
2. 施凤英（女） 1997—1998   连云港化工高等专科学校
3. 樊　江（女）   1999—2000   云南理工大学
4. 兰四清   2001—2002   福建南平高等师范专科学校
5. 段永乐   2020—2021   中国兵器工业北方勘察设计研究院有限公司

附录5 著作目录[*]

（1989 年至 2024 年 9 月）

［1］龚晓南.地基处理手册［M］.北京:中国建筑工业出版社,1988.（担任本书编委会编委、秘书,负责组织工作,参与编写总论）

［2］郑颖人,龚晓南.岩土塑性力学基础［M］.北京:中国建筑工业出版社,1989.

［3］龚晓南.土塑性力学［M］.杭州:浙江大学出版社,1990.（1998 年译成韩文,由欧美书馆出版）

［4］龚晓南.固结分析、反分析法在土工中应用［M］∥朱百里,沈珠江（主编）.计算土力学.上海:上海科学技术出版社,1990.

［5］龚晓南.复合地基［M］.杭州:浙江大学出版社,1992.

［6］龚晓南（主编）.深层搅拌法设计与施工［M］.北京:中国铁道出版社,1993.

［7］龚晓南,潘秋元,张季容（主编）.土力学及基础工程实用名词词典［M］.杭州:浙江大学出版社,1993.

［8］龚晓南,叶黔元,徐日庆.工程材料本构方程［M］.北京:中国建筑工业出版社,1995.

［9］龚晓南.桩基工程手册［M］.北京:中国建筑工业出版社,1995.（担任本书编委会编委、秘书,负责组织工作）

［10］那向谦,龚晓南,吴硕贤（主编）.建筑环境与结构工程最新发展［M］.杭州:浙江大学出版社,1995.

［11］龚晓南.高等土力学［M］.杭州:浙江大学出版社,1996.

［12］龚晓南（主编）.复合地基理论与实践［M］.杭州:浙江大学出版社,1996.

［13］龚晓南.地基处理新技术［M］.西安:陕西科学技术出版社,1997.

［14］曾国熙.曾国熙教授科技论文选集［M］.北京:中国建筑工业出版社,1997.（担任编委会主任）

［15］龚晓南,徐日庆,郑尔康（主编）.高速公路软弱地基处理理论与实践［M］.上海:上海大学出版社,1998.

---

[*] 未注明主编或副主编的,著作方式为著或编著。

[16] 江见鲸,龚晓南,王元清,崔京浩.建筑工程事故分析与处理[M].北京:中国建筑工业出版社,1998.

[17] 龚晓南(主编),高有潮(副主编).深基坑工程设计施工手册[M].北京:中国建筑工业出版社,1998.

[18] 汪闻韶.汪闻韶院士土工问题论文选集[M].北京:中国建筑工业出版社,1998.(担任编委会副主任)

[19] 龚晓南(主编).土塑性力学[M].2 版.杭州:浙江大学出版社,1999.

[20] 龚晓南(主编).英汉汉英土木工程词汇[M].浙江大学出版社,1999.

[21] 龚晓南,俞建霖,严平(主编).岩土力学与工程的理论及实践[M].上海:上海交通大学出版社,1999.

[21] 龚晓南(主编).土工计算机分析[M].北京:中国建筑工业出版社,2000.

[22] 龚晓南(主编).地基处理手册[M].2 版.北京:中国建筑工业出版社,2000.

[23] 殷宗泽,龚晓南(主编).地基处理工程实例[M].北京:中国水利水电出版社,2000.

[24] 龚晓南(主编),周建(副主编).工程安全及耐久性[M].北京:中国水利水电出版社,2000.

[25] 益德清,龚晓南(主编).土木建筑工程理论与实践[M].西安:西安出版社,2000.

[26] 龚晓南(主编).金华博士志(第 1 集)[Z].2001.

[27] 龚晓南.21 世纪岩土工程发展态势[M]//高大钊(主编).岩土工程的回顾与前瞻.北京:人民交通出版社,2001.

[28] 龚晓南.中国土木建筑百科辞典·工程力学卷[M].北京:中国建筑工业出版社,2001.(担任编委会委员,负责土力学部分组织和编写工作)

[29] 龚晓南.土力学[M].北京:中国建筑工业出版社,2002.

[31] 龚晓南.复合地基理论及工程应用[M].北京:中国建筑工业出版社,2002.

[32] 龚晓南,俞建霖(主编).地基处理理论与实践[M].北京:中国水利水电出版社,2002.

[33] 郑颖人,沈珠江,龚晓南.岩土塑性力学原理[M].北京:中国建筑工业出版社,2002.

[34] 龚晓南,李海芳(主编).岩土力学及工程理论与实践[M].北京:中国水利

水电出版社,2002.

［35］龚晓南(主编).复合地基设计和施工指南［M］.北京:人民交通出版社,2003.

［36］江见鲸,龚晓南,王元清,崔京浩.建筑工程事故分析与处理［M］.2 版.北京:中国建筑工业出版社,2003.

［37］龚晓南,周建,汤亚琦.复合地基与地基处理设计［M］∥林宗元(主编).简明岩土工程勘察设计手册(下册).北京:中国建筑工业出版社,2003.

［38］龚晓南(主编).地基处理技术发展与展望［M］.北京:中国水利水电出版社、知识产权出版社,2004.

［39］龚晓南,俞建霖(主编).地基处理理论与实践新进展［M］.合肥:合肥工业大学出版社,2004.

［40］益德清,龚晓南(主编).土木建筑工程新技术［M］.杭州:浙江大学出版社,2004.

［41］龚晓南.地基处理［M］.北京:中国建筑工业出版社,2005.

［42］龚晓南(主编).高速公路地基处理理论与实践［M］.北京:人民交通出版社,2005.

［43］龚晓南(主编).高等级公路地基处理设计指南［M］.北京:人民交通出版社,2005.

［44］龚晓南(主编).高速公路地基处理理论与实践［M］.北京:人民交通出版社,2005.

［45］龚晓南,俞建霖(主编).地基处理理论与实践新进展［M］杭州:浙江大学出版社,2006.

［46］龚晓南(主编),宋二祥,郭红仙(副主编).基坑工程实例1［M］.北京:中国建筑工业出版社,2006.

［47］龚晓南.复合地基理论及工程应用［M］.2 版.北京:中国建筑工业出版社,2007.

［48］龚晓南(主编).地基处理手册［M］.3 版.北京:中国建筑工业出版社,2008.

［49］龚晓南(主编).基础工程［M］.北京:中国建筑工业出版社,2008.

［50］龚晓南,刘松玉(主编).地基处理理论与技术新进展［M］.南京:东南大学出版社,2008.

［51］龚晓南(主编),宋二祥,郭红仙(副主编).基坑工程实例2［M］.北京:中国建筑工业出版社,2008.

［52］龚晓南(主编),宋二祥,郭红仙,徐明(副主编).基坑工程实例3［M］.北京：中国建筑工业出版社,2010.

［53］钱七虎(主编),方鸿琪,张在明,龚晓南,曾宪明(副主编).岩土工程师手册［M］.北京：人民交通出版社,2010.

［54］龚晓南.加强对岩土工程性质的认识,提高岩土工程研究和设计水平［M］∥苗国航(主编).岩土工程纵横谈.北京：人民交通出版社,2010.

［55］龚晓南(主编),宋二祥,郭红仙,徐明(副主编).基坑工程实例4［M］.北京：中国建筑工业出版社,2012.

［56］龚晓南,谢康和(主编).土力学［M］.北京：中国建筑工业出版社,2014.

［57］龚晓南(主编).地基处理技术及发展展望［M］.北京：中国建筑工业出版社,2014.

［58］龚晓南.地基处理三十年［M］.北京：中国建筑工业出版社,2014.

［59］龚晓南(主编),宋二祥,郭红仙,徐明(副主编).基坑工程实例5［M］.北京：中国建筑工业出版社,2014.

［60］龚晓南,谢康和(主编).基础工程［M］.北京：中国建筑工业出版社,2015.

［61］龚晓南,陶燕丽.地基处理［M］.2版.北京：中国建筑工业出版社,2016.［2021年10月首届全国教材建设奖·全国优秀教材(高等教育类)二等奖］

［62］龚晓南(主编).桩基工程手册［M］.2版.北京：中国建筑工业出版社,2016.

［63］龚晓南(主编),宋二祥,郭红仙,徐明(副主编).基坑工程实例6［M］.北京：中国建筑工业出版社,2016.

［64］龚晓南(主编),宋二祥,郭红仙,徐明(副主编).基坑工程20年.［M］.北京：中国建筑工业出版社,2017.

［65］龚晓南.我的求学之路［M］.杭州：浙江大学出版社,2017.

［66］龚晓南,杨仲轩(主编).岩土工程测试技术［M］.北京：中国建筑工业出版社,2017.

［67］龚晓南(主编).海洋土木工程概论［M］.北京：中国建筑工业出版社,2018.

［68］龚晓南.复合地基理论及工程应用［M］.3版.北京：中国建筑工业出版社,2018.

［69］龚晓南(主编),侯伟生(副主编).深基坑工程设计施工手册［M］.2版.北京：中国建筑工业出版社,2018.

［70］龚晓南,杨仲轩(主编).岩土工程变形控制设计理论与实践［M］.北京：中

国建筑工业出版社,2018.

[71] 龚晓南(主编),宋二祥,郭红仙,徐明(副主编).基坑工程实例7[M].北京:中国建筑工业出版社,2018.

[72] 胡安峰,龚晓南,谢康和.土力学学习指导与习题集[M].北京:中国建筑工业出版社,2019.

[73] 龚晓南,杨仲轩(主编).地基处理新技术、新进展[M].北京:中国建筑工业出版社,2019.

[74] 龚晓南,谢康和(主编).土力学及基础工程实用名词词典[M].2版.杭州:浙江大学出版社,2019.

[75] 龚晓南,沈小克(主编).岩土工程地下水控制理论、技术与工程实践[M].北京:中国建筑工业出版社,2020.

[76] 龚晓南(主编),宋二祥,郭红仙,徐明(副主编).基坑工程实例8[M].北京:中国建筑工业出版社,2020.

[77] 龚晓南,贾金生,张春生(主编).大坝病险评估及除险加固技术[M].北京:中国建筑工业出版社,2021.

[78] 龚晓南,杨仲轩(主编).岩土工程计算与分析[M].北京:中国建筑工业出版社,2021.

[79] 龚晓南(主编),宋二祥,郭红仙,徐明(副主编).基坑工程实例9[M].北京:中国建筑工业出版社,2022.

[80] 龚晓南,王立忠(主编).海洋岩土工程[M].北京:中国建筑工业出版社,2022.

[81] 龚晓南(主编).基础工程原理[M].杭州:浙江大学出版社,2023.

[82] 龚晓南(主编).城市地下空间开发岩土工程新进展[M].北京:中国建筑工业出版社,2023.

[83] 龚晓南(主编),候伟生,俞建霖(副主编).深基坑工程设计施工手册[M].3版.北京:中国建筑工业出版社,2024.

[84] 龚晓南,周建,俞建霖.地基处理四十年[M].北京:中国建筑工业出版社,2024.

[85] 龚晓南.龚晓南岩土工程论文选集[M].杭州:浙江大学出版社,2024.

[86] 龚晓南(主编).交通岩土工程新进展[M].北京:中国建筑工业出版社,2024.

附录6 论文目录

（1983年至2024年9月，共914篇）

［1］曾国熙，龚晓南，1983.软土地基固结有限元法分析［J］.浙江大学学报，17(1):1-14.

［2］龚晓南，曾国熙，1985.油罐软粘土地基性状［J］.岩土工程学报，7(4):1-11.

［3］Zeng G X, Gong X N, 1985. Consolidation analysis of the soft clay ground beneath large steel oil tank［C］// 5th International Conference on Numerical Methods in Geomechanics, Nagoya.

［4］龚晓南，1986.软粘土地基上圆形贮罐上部结构和地基共同作用分析［J］.浙江大学学报，20(1):108-116.

［5］龚晓南，1986.软粘土地基各向异性初步探讨［J］.浙江大学学报，20(4):103-115.

［6］曾国熙，龚晓南，1986.数值计算方法在土力学中的应用［C］//中国力学学会岩土力学专业委员会.第二届全国岩土力学数值分析和解析方法讨论会会议录.

［7］陈希有，龚晓南，曾国熙，1987.具有各向异性和非匀质性的c-φ土上条形基础的极限承载力［J］.土木工程学报，20(4):74-82.

［8］曾国熙，龚晓南，盛进源，1987.正常固结粘土K_0剪切试验研究［J］.浙江大学学报，21(2):5-13.

［9］曾国熙，龚晓南，1987.软粘土地基上的一种油罐基础构造及地基固结分析［J］.浙江大学学报(自然科学版)，21(3):67-78.

［10］Chen X Y, Gong X N, 1987. Bearing capacity of strip footing on anisotropic and nonhomogeneous soils［C］// Bridges and Structures:345.

［11］陈希有，曾国熙，龚晓南，1988.各向异性和非匀质地基上条形基础承载力的滑移场解法［J］.浙江大学学报(自然科学版)，22(3):65-74.

［12］Zeng G X, Gong X N, Nian J B, Hu Y F,1988. Back analysis for determining non-linear mechanical parameters in soft clay excavation［C］// 6th International Conference on Numerical Methods in Geomechanics, Innsbruck.

［13］龚晓南，1989.土塑性力学的发展［C］//浙江省力学学会.浙江省力学学会

成立十周年暨 1989 年学术年会论文集.

[14] 龚晓南,1989.岩土工程中反分析法的应用[C]//第一届华东地区岩土力学讨论会论文集.

[15] 龚晓南,Gudehus G,1989.反分析法确定固结过程中土的力学参数[J].浙江大学学报(自然科学版),23(6):841-849.

[16] Gong X N, Liu Y M, Zhang T Q, 1990. Settlement of the flexible pile[C]//3rd Iranian Congress of Civil Engineering, Shiraz.

[17] 陈列峰,龚晓南,曾国熙,1991.考虑地基各向异性的沉降计算[J].土木工程学报,24(1):1-7.

[18] 龚晓南,1991.复合地基引论(一)[J].地基处理,2(3):36-42.

[19] 龚晓南,1991.复合地基引论(二)[J].地基处理,2(4):1-11.

[20] 龚晓南,1991.确定地基固结过程中材料参数的反分析法[J].应用力学学报,8(2):131-136.

[21] 龚晓南,杨灿文,1991.地基处理[C]//中国土木工程学会.第六届土力学及基础工程学术会议论文集.上海:同济大学出版社:37.

[22] 谢康和,刘一林,潘秋元,龚晓南,1991.搅拌桩复合地基变形分析微机程序开发与应用[C]//全国土木工程科技工作者计算机应用学术会议论文集组.全国土木工程科技工作者计算机应用学术会议论文集.南京:东南大学出版社:314.

[23] 杨灿文,龚晓南,1991.四年来地基处理的发展[J].地基处理,2(2):47.

[24] 俞茂宏,龚晓南,曾国熙,1991.岩土力学和基础工程基本理论中的若干新概念[C]//中国土木工程学会.第六届土力学及基础工程学术会议论文集.上海:同济大学出版社:155.

[25] 张土乔,龚晓南,1991.水泥土桩复合地基固结分析[J].水利学报(10):32-37.

[26] 段继伟,龚晓南,曾国熙,1992.复合地基桩土应力比影响因素有限元法分析[C]//第二届华东地区岩土力学学术讨论会论文集.杭州:浙江大学出版社:43.

[27] 龚晓南,1992.复合地基理论概要[C]//中国土木工程学会土力学及基础工程学会地基处理学术委员会第三届地基处理学术讨论会论文集.杭州:浙江大学出版社:37.

[28] 龚晓南,1992.复合地基引论(三)[J].地基处理,3(2):32.

[29] 龚晓南,1992.复合地基引论(四)[J].地基处理,3(3):24.

［30］王启铜,龚晓南,曾国熙,1992.考虑土体拉、压模量不同时静压桩的沉桩过程［J］.浙江大学学报(自然科学版),26(6):678-687.

［31］严平,龚晓南,1992.箱形基础的简化分析［C］//浙江省土木建筑学会土力学与基础工程学术委员会第五届土力学及基础工程学术讨论会论文集.杭州:浙江大学出版社:251.

［32］张航,龚晓南,1992.地基处理领域中的智能辅助设计系统［C］//中国土木工程学会土力学及基础工程学会地基处理学术委员会第三届地基处理学术讨论会论文集.杭州:浙江大学出版社:626.

［33］张航,龚晓南,1992.工程型专家系统的构造策略［C］//中国建筑学会建筑结构学术委员会.第六届全国建筑工程计算机应用学术会议论文集.北京:中国建筑工业出版社.

［34］张航,龚晓南,1992.专家系统中的专业思路［C］//第二届华东地区岩土力学学术讨论会论文集.杭州:浙江大学出版社:79.

［35］张龙海,龚晓南,1992.圆形水池结构与地基共同作用分析［C］//岩土力学与工程的理论与实践——首届岩土力学与工程青年工作者学术讨论会论文集.杭州:浙江大学出版社:126.

［36］张龙海,龚晓南,1992.圆形水池结构与复合地基共同作用分析［C］//第二届华东地区岩土力学学术讨论会论文集.杭州:浙江大学出版社:48.

［37］张土乔,龚晓南,曾国熙,1992.海水对水泥土侵蚀特性的试验研究［C］//中国土木工程学会土力学及基础工程学会地基处理学术委员会第三届地基处理学术讨论会论文集.杭州:浙江大学出版社:154.

［38］张土乔,龚晓南,曾国熙,1992.水泥搅拌桩荷载传递机理初步分析［C］//第二届华东地区岩土力学学术讨论会论文集.杭州:浙江大学出版社:60.

［39］张土乔,龚晓南,曾国熙,裘慰伦,1992.水泥土桩复合地基复合模量计算［C］//中国土木工程学会土力学及基础工程学会地基处理学术委员会第三届地基处理学术讨论会论文集.杭州:浙江大学出版社:140.

［40］Zhang T Q, Gong X N, Li M K, Zeng G X, 1992. Effects of cement soil corrosion by seawater［C］// Proceedings of International Symposium on Soil Improvement and Pile Foundation:335.

［41］Zhang T Q, Gong X N, Zeng G X, 1992. Research on the failure mechanism of cement soil piles ［C］// Proceedings of International Symposium on Soil Improvement and Pile Foundation:515.

［42］段继伟,龚晓南,曾国熙,1993.受竖向荷载柔性单桩的沉降及荷载传递特性分析［C］//深层搅拌法设计、施工经验交流会论文集.北京:中国铁道出版社:162.

［43］龚晓南,1993.复合地基承载力和沉降［C］//岩土力学与工程论文集.北京:中国铁道出版社.

［44］龚晓南,1993.深层搅拌法在我国的发展［C］//深层搅拌法设计、施工经验交流会论文集.北京:中国铁道出版社:1.

［45］龚晓南,卞守中,王宝玉,宋中,1993.一竖井纠偏加固工程［C］//岩土力学与工程论文集.北京:中国铁道出版社:80.

［46］王启铜,龚晓南,曾国熙,1993.拉、压模量不同材料的球扩张问题［J］.上海力学(2):55-63.

［47］徐日庆,龚晓南,曾国熙,1993.ZDGE 地基变形有限元程序介绍［C］//岩土力学与工程论文集.北京:中国铁道出版社:28.

［48］徐日庆,龚晓南,曾国熙.土的应力应变本构关系［J］.西安公路交通大学学报.1993,3(3):46-50.

［49］严平,龚晓南,1993.肋梁式桩筏基础的简化分析［C］//岩土力学与工程论文集.北京:中国铁道出版社:44.

［50］张土乔,龚晓南,1993.水泥土应力应变关系的试验研究［C］//岩土力学与工程论文集.北京:中国铁道出版社:56.

［51］张土乔,龚晓南,曾国熙,1993.海水作用下水泥土的线膨胀特性［C］//岩土力学与工程论文集.北京:中国铁道出版社:139.

［52］Wang Q T, Gong X N, 1993. Effects of pile stiffness on bearing capacity［C］// Proceedings of the International Conference on Soft Clay Engineering:479.

［53］Xu R Q, Gong X N, Zeng G X, 1993. Time-dependent strain for soft soil［C］// Proceedings of the International Conference on Soft Clay Engineering:307.

［54］陈东佐,龚晓南,1994.黄土显微结构特征与湿陷性的研究现状及发展［J］.地基处理,5(2):55-62.

［55］段继伟,龚晓南,1994.单桩带台复合地基的有限元分析［J］.地基处理,5(2):5-12.

［56］段继伟,龚晓南,1994.水泥搅拌桩的荷载传递规律［J］.岩土工程学报, 16(4):1-8.

［57］段继伟,龚晓南,曾国熙,1994.一种非均质地基上板土共同作用数值分析方 法［C］//中国力学学会岩土力学专业委员会.第五届全国岩土力学数值分 析与解析方法讨论会论文集.武汉:武汉测绘科技大学出版社.

［58］龚晓南,1994.地基处理在我国的发展——祝贺地基处理学术委员会成立十 周年［J］.地基处理,5(2):1.

［59］龚晓南,1994.复合地基理论与实践［C］//海峡两岸土力学及基础工程地工 技术学术研讨会论文集:683.

［60］龚晓南,段继纬,1994.柔性桩的荷载传递特性［C］//叶书麟.中国土木工程 学会第七届土力学及基础工程学术会议论文集.北京:中国建筑工业出版 社:605.

［61］龚晓南,卢锡璋,1994.南京南湖地区软土地基处理方案比较分析［J］.地基 处理,5(1):16-30.

［62］龚晓南,王启铜,1994.拉压模量不同材料的圆孔扩张问题［J］.应用力学学 报,11(4):127-132.

［63］徐日庆,龚晓南,曾国熙,1994.边界面本构模型及其应用［C］//中国力学学 会岩土力学专业委员会.第五届全国岩土力学数值分析与解析方法讨论会 论文集.武汉:武汉测绘科技大学出版社.

［64］严平,龚晓南,杜月祥,1994.角点支承双向板系结构的塑性分析［J］.浙江大 学学报(自然科学版),28(2):171-179.

［65］严平,龚晓南,杜月祥,1994.井格梁板结构的整体塑性极限分析［J］.浙江大 学学报(自然科学版),28(5):577-583.

［66］严平,龚晓南,李建新,1994.摩擦群桩上板式桩筏基础的简化分析［C］//结 构与地基国际学术研讨会论文集.杭州:浙江大学出版社:526.

［67］杨洪斌,张景恒,徐日庆,龚晓南,1994.天津地区建筑物的沉降分析［J］.岩 土工程学报,16(5):65-72.

［68］张龙海,龚晓南,1994.圆形水池结构与地基共同作用探讨［J］.特种结构, 11(2):4-6.

［69］Yan P, Gong X N, 1994. Limit analysis of pile-girder raft foundation on friction pile group［C］// 3rd International Conference on Deep Foundation Practice

Incorporating Pile Talk，Singapore.

［70］陈东佐，龚晓南，1995.“双灰”低强度混凝土桩复合地基的工程特性［J］.工业建筑，25（10）：39-42.

［71］段继伟，龚晓南，1995.一种层状地基上板土共同作用的数值分析方法［J］.应用力学学报，12（4）：57-64.

［72］段继伟，龚晓南，曾国熙，1995.柔性群桩-承台-土共同作用的数值分析［C］//第二届浙江省岩土力学与工程学术讨论会论文集.杭州：浙江大学出版社：28.

［73］龚晓南，1995.地基处理技术在我国的发展［C］//建筑环境与结构工程最新发展.杭州：浙江大学出版社：210.

［74］龚晓南，1995.复合地基计算理论研究［J］.中国学术期刊文摘，1（A1）.

［75］龚晓南，1995.复合地基理论框架［C］//建筑环境与结构工程最新发展.杭州：浙江大学出版社：224.

［76］龚晓南，1995.复合地基理论与地基处理新技术［M］//高层建筑基础工程技术.北京：科学出版社：212.

［77］龚晓南，1995.复合地基若干问题［C］//第二届全国青年岩土力学与工程会议论文集.大连：大连理工大学出版社：95.

［78］龚晓南，1995.工程材料本构理论若干问题［C］//浙江省力学学会成立十五周年学术讨论会论文集.北京：原子能出版社：1.

［79］龚晓南，1995.墙后卸载与土压力计算［J］.地基处理，6（2）：42-43.

［80］龚晓南，1995.形成竖向增强体复合地基的条件［J］.地基处理，6（3）：48.

［81］蒋镇华，龚晓南，曾国熙，1995.成层非线性弹性土中单桩分析［C］//中国土木工程学会土力学及基础工程学会地基处理学术委员会第四届地基处理学术讨论会论文集.杭州：浙江大学出版社：489.

［82］蒋镇华，龚晓南，曾国熙，1995.单桩有限里兹单元法分析［C］//第二届全国青年岩土力学与工程会议论文集.大连：大连理工大学出版社：619.

［83］刘绪普，龚晓南，黎执长，1995.用弹性理论法和传递函数法联合求解单桩的沉降［C］//中国土木工程学会土力学及基础工程学会地基处理学术委员会第四届地基处理学术讨论会论文集.杭州：浙江大学出版社：484.

［84］徐日庆，龚晓南，1995.蛋形函数边界面本构关系［C］//第二届全国青年岩土力学与工程会议论文集.大连：大连理工大学出版社：165.

[85] 徐日庆,龚晓南,1995.土的应力路径非线性行为[J].岩土工程学报,17(4):56-60.

[86] 严平,龚晓南,1995.杭州某综合大楼基坑围护工程设计[C]//第二届浙江省岩土力学与工程学术讨论会论文集.杭州:浙江大学出版社:158.

[87] 严平,龚晓南,1995.软土中基坑围护工程的对策[C]//第二届浙江省岩土力学与工程学术讨论会论文集.杭州:浙江大学出版社:141.

[88] 严平,龚晓南,李建新,1995.软土地基中深基坑开挖围护的工程实践[C]//中国土木工程学会土力学及基础工程学会地基处理学术委员会第四届地基处理学术讨论会论文集.杭州:浙江大学出版社:606.

[89] 严平,龚晓南,李建新,1995.在上下部共同作用下肋梁式桩筏基础整体极限弯矩的简化分析[C]//廖济川.第三届华东地区岩土力学学术讨论会论文集.武汉:华中理工大学出版社:302.

[90] 余绍锋,龚晓南,1995.宁波甬江隧道地下连续墙路槽工程施工及原位测试[C]//中国土木工程学会土力学及基础工程学会地基处理学术委员会第四届地基处理学术讨论会论文集.杭州:浙江大学出版社:582.

[91] 余绍锋,赵荣欣,龚晓南,1995.一种基坑支挡结构侧向位移的预报方法[C]//第二届全国青年岩土力学与工程会议论文集.大连:大连理工大学出版社:393.

[92] 俞建霖,龚晓南,1995.深基坑开挖柔性支护结构的性状研究[C]//浙江省力学学会成立十五周年学术讨论会论文集.北京:原子能出版社:288.

[93] Yan P, Yue X D, Gong X N, 1995. Limit analysis of pile-box foundation on friction pile groups [C]//5th East Asia-Pacific Conference on Structural Engineering and Construction.

[94] 龚晓南,1996.沉降浅议[J].地基处理,7(1):41.

[95] 龚晓南,1996.地基处理技术与复合地基理论[J].浙江建筑(1):37-39.

[96] 龚晓南,1996.复合地基理论框架及复合地基技术在我国的发展[C]//浙江省第七届土力学及基础工程学术讨论会论文集.北京:原子能出版社:39.

[97] 龚晓南,1996.复合地基理论与实践在我国的发展[C]//复合地基理论与实践:全国复合地基理论与实践学术讨论会论文集.杭州:浙江大学出版社:1.

[98] 龚晓南,1996.基坑围护体系选用原则及设计程序[C]//浙江省第七届土力学及基础工程学术讨论会论文集.北京:原子能出版社:157.

［99］龚晓南,温晓贵,卞守中,尚亨林,1996.二灰混凝土桩复合地基技术与研究［C］//复合地基理论与实践:全国复合地基理论与实践学术讨论会论文集.杭州:浙江大学出版社:349.

［100］蒋镇华,龚晓南,1996.成层土单桩有限里兹单元法分析［J］.浙江大学学报（自然科学版）,30(4):366-374.

［101］刘吉福,龚晓南,王盛源,1996.一种考虑土工织物抗滑作用的稳定分析方法［J］.地基处理,7(2):1-5.

［102］严平,龚晓南,1996.软土中基坑开挖支撑围护的若干问题［C］//浙江省第七届土力学及基础工程学术讨论会论文集.北京:原子能出版社:172.

［103］余绍锋,龚晓南,俞建霖,1996.限制带撑支挡结构变形发展的一种计算方法［M］//软土地基变形控制设计理论和工程实践.上海:同济大学出版社:131.

［104］余绍锋,周柏泉,龚晓南,1996.支挡结构刚体有限元数值方法和位移预报［J］.上海铁道大学学报,17(4):23-30.

［105］俞建霖,龚晓南,1996.温州国贸大厦基坑围护工程设计［C］//浙江省第七届土力学及基础工程学术讨论会论文集.北京:原子能出版社:217.

［106］赵荣欣,龚晓南,1996.由围护桩水平位移曲线反分析桩身弯矩［C］//浙江省第七届土力学及基础工程学术讨论会论文集.北京:原子能出版社:186.

［107］龚晓南,1997.地基处理技术和复合地基理论在我国的发展［C］//土木工程论文集.杭州:浙江大学出版社.

［108］龚晓南,1997.地基处理技术及其发展［J］.土木工程学报,30(6):3-11.

［109］龚晓南,1997.复合地基若干问题［J］.工程力学,1(A1):86-94.

［110］龚晓南,卞守中,1997.二灰混凝土桩复合地基技术研究［J］.地基处理,8(1):3-9.

［111］龚晓南,张土乔,1997.刚性基础下水泥土桩的荷载传递机理研究［C］//第二届结构与地基国际学术研讨会论文集.香港:香港科技大学出版社:510-515.

［112］龚晓南,章胜南,1997.某工程水塔的纠偏［C］//中国土木工程学会土力学及基础工程学会地基处理学术委员会第五届地基处理学术讨论会论文集.北京:中国建筑工业出版社:476.

［113］黄明聪,龚晓南,赵善锐,1997.钻孔灌注长桩沉降曲线特征分析［C］//中

国土木工程学会土力学及基础工程学会第五届地基处理学术讨论会论文集.北京:中国建筑工业出版社:500.

[114] 黄明聪,龚晓南,赵善锐,1997.钻孔灌注长桩荷载传递性状及模拟分析[J].浙江大学学报,31(A1):197.

[115] 鲁祖统,龚晓南,1997.关于稳定材料屈服条件在π平面内的屈服曲线存在内外包络线的证明[J].岩土工程学报,19(5):1-5.

[116] Mahaneh,龚晓南,1997.复合地基在中国的发展[J].浙江大学学报,31(A1):238.

[117] 温晓贵,龚晓南,1997.二灰混凝土桩复合地基设计和试验研究[C]//中国土木工程学会土力学及基础工程学会地基处理学术委员会第五届地基处理学术讨论会论文集.北京:中国建筑工业出版社:410.

[118] 肖专文,徐日庆,龚晓南,1997.基坑开挖反分析力学参数确定的GA-ANN法[C]//中国土木工程学会土力学及基础工程学会第五届地基处理学术讨论会论文集.北京:中国建筑工业出版社:721.

[119] 徐日庆,傅小东,张磊,俞建霖,龚晓南,1997.深基坑反分析工程应用软件设计——"预报之神"[C]//中国土木工程学会土力学及基础工程学会第五届地基处理学术讨论会论文集.北京:中国建筑工业出版社:567.

[120] 徐日庆,龚晓南,杨林德,1997.土的非线性抗剪强度及土压力计算[J].浙江大学学报,31(A1):101.

[121] 徐日庆,谭昌明,龚晓南,1997.岩土工程反演理论及其展望[J].浙江大学学报,31(A1):157.

[122] 徐日庆,杨林德,龚晓南,1997.土的边界面应力应变本构关系[J].同济大学学报(自然科学版),25(1):29-33.

[123] 徐日庆,俞建霖,肖专文,龚晓南,1997.深基坑开挖性态反分析方法[C]//第三届浙江省岩土力学与工程学术讨论会论文集.北京:中国国际广播出版社:101.

[124] 严平,李建新,龚晓南,1997.软土地基中桩基质量事故的加固处理[C]//中国土木工程学会土力学及基础工程学会地基处理学术委员会第五届地基处理学术讨论会论文集.北京:中国建筑工业出版社:476.

[125] 严平,张航,龚晓南,1997.基坑围护工程设计专家系统的建立[C]//第三届浙江省岩土力学与工程学术讨论会论文集.北京:中国国际广播出版社:317.

[126] 杨军,龚晓南,金天德,1997.有粘结及无粘结预应力框架的静力及动力特性分析[J].浙江大学学报,31(A1):209.

[127] 杨晓军,龚晓南,1997.基坑开挖中考虑水压力的土压力计算[J].土木工程学报,30(4):58-62.

[128] 杨晓军,龚晓南,1997.水泥土支护结构稳定分析探讨[J].浙江大学学报,31(A1):225.

[129] 杨晓军,温晓贵,龚晓南,1997.土工合成材料在道路工程中的应用[C]//第三届浙江省岩土力学与工程学术讨论会论文集.北京:中国国际广播出版社:292.

[130] 余绍锋,龚晓南,1997.某路槽滑坍事故及整体稳定分析[J].岩土工程学报,19(1):8-14.

[131] 俞建霖,徐日庆,龚晓南,1997.基坑周围地基沉降量的性状分析[C]//中国土木工程学会土力学及基础工程学会第五届地基处理学术讨论会论文集.北京:中国建筑工业出版社:596.

[132] 俞建霖,徐日庆,肖专文,龚晓南,1997.有限元和无限元耦合分析方法及其在基坑数值分析中的应用[C]//第三届浙江省岩土力学与工程学术讨论会论文集.北京:中国国际广播出版社:17.

[133] 张航,侯永峰,龚晓南,明珉,王蔚,卢锡章,1997.南京市南苑小区复合地基性状试验研究[C]//中国土木工程学会土力学及基础工程学会第五届地基处理学术讨论会论文集.北京:中国建筑工业出版社:313.

[134] 周建,龚晓南,1997.柔性桩临界桩长计算分析[C]//中国土木工程学会土力学及基础工程学会地基处理学术委员会第五届地基处理学术讨论会论文集.北京:中国建筑工业出版社:746.

[135] 朱少杰,张伟民,张航,龚晓南,1997.杭州市教四路路基处理方案分析研究[C]//中国土木工程学会土力学及基础工程学会第五届地基处理学术讨论会论文集.北京:中国建筑工业出版社:769.

[136] 陈愈炯,杨晓军,龚晓南,1998.对"基坑开挖中考虑水压力的土压力计算"的讨论[J].土木工程学报,31(4):74.

[137] 龚晓南,1998.高速公路软土地基处理技术[C]//高速公路软弱地基处理理论与实践:全国高速公路软弱地基处理学术讨论会论文集.上海:上海大学出版社:3.

[138] 龚晓南,1998.基坑工程若干问题[C]//施建勇.岩土力学的理论与实践——第三届全国青年岩土力学与工程会议论文集.南京:河海大学出版社:18.

[139] 龚晓南,1998.基坑工程特点和围护体系选用原则[C]//中国土木工程学会第八届年会论文集.北京:清华大学出版社:413.

[140] 龚晓南,1998.近期土力学及其应用发展展望[C]//《岩土工程新进展》特约稿件.西安:西北大学出版社:25.

[141] 龚晓南,1998.土的实际抗剪强度及其量度[J].地基处理,9(2):61-62.

[142] 龚晓南,1998.议土的抗剪强度影响因素[J].地基处理,9(3):54-56.

[143] 龚晓南,1998.浙江大学土木工程教育发展思路[C]//中国土木工程学会第八届年会论文集.北京:清华大学出版社.

[144] 龚晓南,陈明中,1998.关于复合地基沉降计算的一点看法[J].地基处理,9(2):10-18.

[145] 龚晓南,黄广龙,1998.柔性桩沉降的可靠性分析[J].工程力学(A3):347-351.

[146] 龚晓南,温晓贵,1998.二灰混凝土试验研究[J].混凝土(1):37-41.

[147] 龚晓南,杨晓军,1998.某工程设备基础基坑开挖围护[J].地基处理,9(1):16-19.

[148] 龚晓南,杨晓军,俞建霖,1998.基坑围护设计若干问题[J].《基坑支护技术进展》专题报告(建筑技术增刊):94.

[149] 韩同春,龚晓南,韩会增,1998.丙烯酸钙化学浆液凝胶时间的动力学探讨[J].水利学报(12):47-50.

[150] 黄明聪,龚晓南,赵善锐,1998.钻孔灌注长桩静载试验曲线特征及沉降规律[J].工业建筑,28(10):37-41.

[151] 黄明聪,龚晓南,赵善锐,1998.钻孔灌注长桩试验曲线型式及破坏机理探讨[J].铁道学报,20(4):93-97.

[152] 刘吉福,龚晓南,王盛源,1998.高填路堤复合地基稳定性分析[J].浙江大学学报(自然科学版),32(5):511-518.

[153] 鲁祖统,龚晓南,黄明聪,1998.饱和软土中压桩过程的理论分析与数值模拟[C]//岩土力学数值分析与解析方法.广州:广东科技出版社:302-308.

[154] 罗嗣海,龚晓南,史光金,1998.固结应力和应力路径对粘性土固结不排水

剪总应力强度指标的影响[J].工程勘察(6):7-10.

[155] 罗嗣海,龚晓南,张天太,1998.论固结不排水剪总应力强度指标及其应用[J].地球科学,23(6):643-648.

[156] 罗嗣海,李志,龚晓南,1998.分级加荷条件下正常固结软土的不排水强度确定[J].工程勘察(1):17-19.

[157] 毛前,龚晓南,1998.复合地基下卧层计算厚度分析[J].浙江建筑(1):20-23.

[158] 毛前,龚晓南,1998.桩体复合地基柔性垫层的效用研究[J].岩土力学,19(2):67-73.

[159] 史光金,龚晓南,1998.软弱地基强夯加固效果评价的研究现状[J].地基处理,9(4):3-11.

[160] 童小东,龚晓南,姚恩瑜,1998.关于在应变空间中屈服面与其内部所构成的集合为凸集的证明[C]//第七届全国结构工程学术会议,石家庄.

[161] 童小东,龚晓南,姚恩瑜,1998.稳定材料在应力 π 平面上屈服曲线的特性[J].浙江大学学报(自然科学版),32(5):643-647.

[162] 肖溟,龚晓南,1998.一个基于空间自相关性的土工参数推测公式[J].岩土力学,19(4):69-72.

[163] 徐日庆,龚晓南,1998.软土边界面模型的本构关系[C]//全国岩土工程青年专家学术会议论文集.北京:中国建筑工业出版社:59.

[164] 徐日庆,龚晓南,王明洋,杨林德.1998.粘弹性本构模型的识别与变形预报[J].水利学报(4):75-80.

[165] 徐日庆,龚晓南,杨林德,1998.深基坑开挖的安全性预报与工程决策[J].土木工程学报,31(5):33.

[166] 徐日庆,杨仲轩,龚晓南,俞建霖,1998.考虑位移和时间效应的土压力计算方法[C]//土力学与基础工程的理论及实践——浙江省第八届土力学及基础工程学术讨论会论文集.上海:上海交通大学出版社:9.

[167] 徐日庆,俞建霖,龚晓南,1998.杭甬高速公路软基试验分析[C]//高速公路软弱地基处理理论与实践:全国高速公路软弱地基处理学术讨论会论文集.上海:上海大学出版社:108.

[168] 严平,龚晓南,1998.对高层建筑基础工程若干问题的思考[C]//中国土木工程学会第八届年会论文集.北京:清华大学出版社:419.

[169] 严平,龚晓南,1998.A practical method for calculation integral moment of pile-

box foundation considering interaction between superstructure and base[C]// 结构工程理论与实践国际会议论文集.北京:地震出版社:419.

[170] 严平,杨晓军,孟繁华,龚晓南,1998.粉砂地基中深基坑开挖围护设计实例 [C]//土力学与基础工程的理论及实践——浙江省第八届土力学及基础 工程学术讨论会论文集.上海:上海交通大学出版社:122.

[171] 俞建霖,龚晓南,1998.基坑周围地表沉降量的空间性状分析[J].工程力学 (A3):565-571.

[172] 俞建霖,龚晓南,1998.软土地基基坑开挖的三维性状分析[J].浙江大学学 报(自然科学版),32(5):552-557.

[173] 俞建霖,赵荣欣,龚晓南,1998.软土地基基坑开挖地表沉降量的数值研究 [J].浙江大学学报(自然科学版),32(1):95-101.

[174] Lu Z T, Gong X N, Bassam M, 1998. Emendation to Zienkiewicz-Pande criterion[C]//Strength Theory:Application, Development & Prospects for 21st Century. New York:Science Press:253.

[175] Xu R Q, Gong X N, 1998. A constitutive relationship of bounding surface model for soft soils[C]//Strength Theory:Application, Development & Prospects for 21st Century. New York:Science Press:627-632.

[176] 陈福全,龚晓南,竺存宏,邓冰,1999.非沉入式圆筒结构与筒内填料相互作 用的数值模拟[J].港工技术(4):17.

[177] 陈明中,龚晓南,梁磊,1999.深层搅拌桩支护结构的优化设计[J].建筑结 构(5):3-5.

[178] 龚晓南,1999.读"岩土工程规范的特殊性"与"试论基坑工程的概念设计" [J].地基处理,10(2):76-77.

[179] 龚晓南,1999.对几个问题的看法[J].地基处理,10(2):60-61.

[180] 龚晓南,1999.复合地基发展概况及其在高层建筑中的应用[J].土木工程 学报,32(6):3-10.

[181] 龚晓南,1999.复合桩基与复合地基理论[J].地基处理,10(1):1-15.

[182] 龚晓南,1999.深层搅拌桩复合地基承载力和变形的可靠度研究[J].中国 学术期刊文摘(1):117.

[183] 龚晓南,1999.原状土的结构性及其对抗剪强度的影响[J].地基处理, 10(1):61-62.

[184] 龚晓南,1999.21 世纪岩土工程发展展望[C]//周光召.面向世纪的科技进步与社会经济发展——中国科协首届学术年会.北京:中国科学技术出版社.

[185] 龚晓南,肖专文,徐日庆,俞建霖,杨晓军,陈页开,1999.基坑工程辅助设计系统——"围护大全"[J].地基处理,10(4):76.

[186] 龚晓南,俞建霖,余子华,1999.杭州京华科技影艺世界工程基坑围护[M]//基础工程 400 例.北京:地震出版社:473.

[187] 龚晓南,赵荣欣,李永葆,董益群,1999.测斜仪自动数据采集及处理系统的研制[J].浙江大学学报(自然科学版),33(3):237-242.

[188] 洪昌华,龚晓南,1999.变量相关情况下可靠度指标计算的优化方法[C]//中国土木工程学会第八届土力学及岩土工程学术会议论文集.北京:万国学术出版社:121.

[189] 侯永峰,龚晓南,1999."Hencky 第二定律的探讨"探讨之一[J].岩土工程学报,9,21(4):521-522.

[190] 黄广龙,樊有维,龚晓南,1999.杭州地区主要软土层土体的自相关特性[J].河海大学学报,27(A1):76.

[191] 黄广龙,龚晓南,1999.单桩沉降的可靠度分析[J].工程兵工程学院学报,14(2):95-100.

[192] 黄广龙,龚晓南,1999.单桩承载力计算模式的不确定性分析[J].工程勘察(6):9-12.

[193] 李大勇,张土乔,龚晓南,1999.深基坑开挖引起临近地下管线的位移分析[J].工业建筑,29(11):36-42.

[194] 毛前,龚晓南,1999.有限差分法分析复合地基沉降计算深度[J].建筑结构(3):37-41.

[195] 施晓春,徐日庆,龚晓南,陈国祥,袁中立,1999.桶形基础单桶水平承载力的试验研究[J].岩土工程学报,21(6):723-726.

[196] 童小东,蒋永生,龚维明,龚晓南,1999.深层搅拌法若干问题探讨[J].东南大学学报(99 土木工程专辑).

[197] 温晓贵,龚晓南,周建,杨晓军,1999.锚杆静压桩加固与沉井冲水掏土纠倾工程实例[C]//中国土木工程学会第八届土力学及岩土工程学术会议论文集.北京:万国学术出版社:519.

［198］肖专文,龚晓南,1999.基坑土钉支护优化设计的遗传算法［J］.土木工程学报,32(3):73-80.

［199］肖专文,龚晓南,1999.有限元应力计算结果改善处理的一种实用方法［J］.计算力学学报,16(4):489-492.

［200］肖专文,徐日庆,龚晓南,1999.求解复杂工程优化问题的一种实用方法［J］.水利学报(2):23-27.

［201］肖专文,徐日庆,俞建霖,杨晓军,谭昌明,陈页开,龚晓南,1999.深基坑工程辅助设计软件系统［C］//第四届浙江省岩土力学与工程学术讨论会论文集.上海:上海交通大学出版社:206.

［202］徐日庆,俞建霖,陈页开,龚晓南,1999.深基坑工程设计软件系统——"围护大全"软件［M］//杭州市建筑业管理局.深基础工程实践与研究.北京:中国水利水电出版社:276.

［203］徐日庆,俞建霖,龚晓南,1999.基坑开挖性态反分析［J］.工程力学(A1):524.

［204］徐日庆,俞建霖,龚晓南,1999.土体开挖性态反演分析［C］//中国力学学会.第八届全国结构工程学术会议论文集.北京:清华大学出版社.

［205］徐日庆,俞建霖,龚晓南,张吾渝,1999.基坑开挖中土压力计算方法探讨［C］//中国土木工程学会第八届土力学及岩土工程学术会议论文集.北京:万国学术出版社:667.

［206］杨晓军,施晓春,温晓贵,龚晓南,1999.土工合成材料加筋路堤软基的机理［C］//中国土木工程学会第八届土力学及岩土工程学术会议论文集.北京:万国学术出版社:437-440.

［207］俞建霖,龚晓南,1999.锚杆静压桩在炮台新村 1# ~ 5# 楼地基加固处理中的应用［M］//基础工程400例.北京:地震出版社:676.

［208］俞建霖,龚晓南,1999.深基坑工程的空间性状分析［J］.岩土工程学报,21(1):21-25.

［209］俞建霖,姜昌伟,万凯,徐日庆,龚晓南,1999.基坑工程监测数据处理系统的研制与应用［M］//深基础工程实践与研究.北京:中国水利水电出版社:266.

［210］俞建霖,万凯,姜昌伟,徐日庆,龚晓南,1999.地基及基础沉降分析系统的开发及应用［C］//岩土力学与工程的理论及实践:第四届浙江省岩土力学与工程学术讨论会论文集.上海:上海交通大学出版社.

［211］俞建霖,徐日庆,龚晓南,陈观胜,1999.杭州四堡污水处理厂消化池地基坑开挖与回灌系统应用［M］//深基础工程实践与研究.北京:中国水利水电出版社:65.

［212］俞建霖,徐日庆,龚晓南,余子华,1999.基坑工程空间性状的数值分析研究［C］//岩土力学与工程的理论及实践:第四届浙江省岩土力学与工程学术讨论会论文集.上海:上海交通大学出版社:170.

［213］俞炯奇,张土乔,龚晓南,1999.钻孔嵌岩灌注桩承载特性浅析［J］.工业建筑,29(8):38-43.

［214］张仪萍,张土乔,龚晓南,1999.沉降的灰色预测［J］.工业建筑,29(4):45.

［215］张仪萍,张土乔,龚晓南,1999.关于悬臂式板桩墙的极限状态设计［J］.工程勘察(3):4-6.

［216］周建,龚晓南,1999.饱和软粘土临界循环特性初探［C］//中国土木工程学会第八届土力学及岩土工程学术会议论文集.北京:万国学术出版社:165.

［217］左人宇,龚晓南,桂和荣,1999.多因素影响下煤层底板变形破坏规律研究［J］.东北煤炭技术(5):3-7.

［218］Gong X N, 1999. Development of composite foundation in China［C］//Soil Mechanics and Geotechnical Engineering. Rotherdam:AA Balkema:201.

［219］陈福全,龚晓南,2000.桩的负摩阻力现场试验及三维有限元分析［J］.建筑结构学报,21(3):77-80.

［220］陈明中,龚晓南,2000.单桩沉降的一种解析解法［J］.水利学报(8):70-74.

［221］陈明中,龚晓南,梁磊,2000.带桩条形基础的计算分析［J］.工业建筑,30(4):41-44.

［222］陈页开,徐日庆,任超,龚晓南,2000.压顶梁作用的弹性地基梁法的分析［J］.浙江科技学院学报,12(B10):34-38.

［223］董邑宁,徐日庆,龚晓南,2000.萧山粘土的结构性对渗透性质影响的试验研究［J］.大坝观测与土工测试,24(6):44-46.

［224］龚晓南,2000.21世纪岩土工程发展展望［J］.岩土工程学报,22(2):238-242.

［225］龚晓南,2000.地基处理技术发展展望［J］.地基处理,11(1):3-8.

［226］龚晓南,2000.漫谈土的抗剪强度和抗剪强度指标［J］.地基处理,11(3):106-108.

［227］龚晓南,2000.漫谈岩土工程发展的若干问题［J］.岩土工程界(1):52-57.

［228］龚晓南,2000.软土地区建筑地基工程事故原因分析及对策［C］//工程安全及耐久性:中国土木工程学会第九届年会论文集.北京:中国水利水电出版社:255.

［229］龚晓南,2000.有关复合地基的几个问题［J］.地基处理,11(3):42-48.

［230］龚晓南,洪昌华,马克生,2000.水泥土桩复合地基的可靠度研究［C］//工程安全及耐久性——中国土木工程学会第九届年会论文集.北京:中国水利水电出版社:281.

［231］龚晓南,李向红,2000.静力压桩挤土效应中的若干力学问题［J］.工程力学,17(4):7-12.

［232］龚晓南,熊传祥,2000.粘土结构性对其力学性质的影响及形成原因分析［J］.水利学报(10):43-47.

［233］龚晓南,益德清,2000.岩土流变模型研究的现状与展望［J］.工程力学,1(A1):145-155.

［234］洪昌华,龚晓南,2000.不排水强度的空间变异性及单桩承载力可靠性分析［J］.土木工程学报,33(3):66-70.

［235］洪昌华,龚晓南,2000.基于稳定分析法的碎石桩复合地基承载力的可靠度［J］.水利水运科学研究(1):30-35.

［236］洪昌华,龚晓南,2000.深层搅拌桩复合地基承载力的概率分析［J］.岩土工程学报,22(3):279-283.

［237］洪昌华,龚晓南,2000.土性空间变异性的统计模拟［J］.浙江大学学报(自然科学版),34(5):527-530.

［238］洪昌华,龚晓南,2000.相关情况下Hasofer-Lind可靠指标的求解［J］.岩土力学,21(1):68-71.

［239］洪昌华,龚晓南,温晓贵,2000.对"深层搅拌桩复合地基承载力的概率分析"讨论的答复［J］.岩土工程学报,22(6):757.

［240］侯永峰,龚晓南,2000.水泥土的渗透特性［J］.浙江大学学报(自然科学版),34(2):189-193.

［241］黄广龙,龚晓南,2000.土性参数的随机场模型及桩体沉降变异特性分析［J］.岩土力学,21(4):311-315.

［242］黄广龙,周建,龚晓南,2000.矿山排土场散体岩土的强度变形特性［J］.浙

江大学学报(自然科学版),34(1):54-59.

[243] 李向红,龚晓南,2000.软粘土地基静力压桩的挤土效应及其防治措施[J].工业建筑,30(7):11-14.

[244] 鲁祖统,龚晓南,2000.Mohr-Coulomb准则在岩土工程应用中的若干问题[J].浙江大学学报(自然科学版),34(5):588-590.

[245] 罗嗣海,陈进平,龚晓南,2000.强夯加固效果的深度效应[C]//第六届地基处理学术讨论会暨第二届基坑工程学术讨论会论文集.西安:西安出版社:28.

[246] 罗嗣海,陈进平,龚晓南,2000.无粘性土强夯加固效果的定量估算[J].工业建筑,30(12):26-29.

[247] 罗嗣海,龚晓南,2000.两种不同假设下的A_f-K_0关系和不排水强度[J].地球科学:中国地质大学学报,25(1):57-60.

[248] 罗嗣海,龚晓南,2000.强夯的地面变形初探[J].地质科技情报,19(4):92-96.

[249] Mahaneh,龚晓南,鲁祖统,2000.群桩有限里兹元法[J].浙江大学学报(自然科学版),34(4):438-442.

[250] 马克生,龚晓南,2000.单桩沉降可靠性分析[C]//第六届地基处理学术讨论会暨第二届基坑工程学术讨论会论文集.西安:西安出版社:317.

[251] 马克生,龚晓南,2000.模量随深度变化的单桩沉降[J].工业建筑,30(1):66-67.

[252] 马克生,杨晓军,龚晓南,2000.空间随机土作用下的柔性桩沉降可靠性分析[J].浙江大学学报(自然科学版),34(4):366-369.

[253] 马克生,杨晓军,龚晓南,2000.柔性桩沉降的随机响应[J].土木工程学报,33(3):75-77.

[254] 施晓春,徐日庆,龚晓南,陈国祥,袁中立,2000.桶形基础发展概况[J].土木工程学报,33(4):68-73.

[255] 施晓春,徐日庆,龚晓南,陈国祥,袁中立,2000.一种新型基础——桶形基础[C]//龚晓南.第六届地基处理学术讨论会暨第二届基坑工程学术讨论会论文集.西安:西安出版社:409.

[256] 施晓春,徐日庆,俞建霖,龚晓南,袁中立,陈国祥,2000.桶形基础简介及试验研究[J].浙江科技学院学报,12(B10):39-42.

[257] 童小东,龚晓南,2000.氢氧化铝——水泥土添加剂试验研究[C]//第六届地基处理学术讨论会暨第二届基坑工程学术讨论会论文集.西安:西安出版社:125.

[258] 童小东,龚晓南,2000.氢氧化铝在水泥系深层搅拌法中的应用[J].建筑结构,30(5):14-16.

[259] 童小东,龚晓南,邝建政,王启铜,2000.生石膏在水泥系深层搅拌法中的试验研究[J].建筑技术,31(3):162-163.

[260] 童小东,龚晓南,2000.石灰在水泥系深层搅拌法中的应用[J].工业建筑,30(1):21-25.

[261] 童小东,蒋永生,龚维明,姜宁辉,龚晓南,2000.多功能喷射深层搅拌法装置的工作原理[J].东南大学学报(自然科学版),30(5):78-80.

[262] 肖溟,龚晓南,黄广龙,2000.深层搅拌桩复合地基承载力的可靠度分析[J].浙江大学学报(自然科学版),34(4):351-354.

[263] 肖专文,龚晓南,2000.岩体开挖与充填有限元计算结果的可视化研究[J].工程力学,17(1):41-46.

[264] 熊传祥,龚晓南,陈福全,张冬霁,2000.软土结构性对桩性状影响分析[J].工业建筑,30(5):40.

[265] 熊传祥,龚晓南,王成华,2000.高速滑坡临滑变形能突变模型的研究[J].浙江大学学报(工学版),34(4):443.

[266] 徐日庆,龚晓南,2000.软土边界面模型的本构关系[C]//全国岩土工程青年专家学术会议论文集.北京:中国测绘学会:59-63.

[267] 徐日庆,龚晓南,施晓春,2000.桶形基础发展与研究现状[C]//浙江省第九届土力学及岩土工程学术讨论会论文集.西安:西安出版社:25.

[268] 严平,龚晓南,2000.桩筏基础在上下部共同作用下的极限分析[J].土木工程学报,33(2):87-95.

[269] 杨泽平,张天太,罗嗣海,龚晓南,2000.强夯夯锤与土接触时间的计算探讨[C]//第六届地基处理学术讨论会暨第二届基坑工程学术讨论会论文集.西安:西安出版社:220.

[270] 俞茂宏,廖红建,龚晓南,唐春安,胡小荣,2000.20世纪在中国的强度理论发展和创新[C]//白以龙,杨卫.力学2000.北京:气象出版社.

[271] 张吾渝,徐日庆,龚晓南,2000.土压力的位移和时间效应[J].建筑结构, 30(11):58-61.

[272] 曾庆军,龚晓南,李茂英,2000.强夯时饱和软土地基表层的排水通道[J]. 工程勘察(3):1-3.

[273] 曾庆军,龚晓南,2000.软弱地基填石强夯法加固原理[C]//第六届地基 处理学术讨论会暨第二届基坑工程学术讨论会论文集.西安:西安出版 社:216.

[274] 曾庆军,龚晓南,谢明逸,李茂英,2000.填石强夯加固机理与应用[J].建筑 技术,31(3):159-160.

[275] 曾庆军,龚晓南,李茂英,2000.强夯时饱和软土地基表层的排水通道[J]. 工程勘察(3):1.

[276] 周建,龚晓南,2000.循环荷载作用下饱和软粘土应变软化研究[J].土木工 程学报,33(5):75-78.

[277] 周建,龚晓南,李剑强,2000.循环荷载作用下饱和软粘土特性试验研究 [J].工业建筑,30(11):43-47.

[278] 陈福全,龚晓南,2001.大直径圆筒码头结构的有限元分析[J].水利水运工 程学报(4):37-40.

[279] 陈明中,龚晓南,应建新,温晓贵,2001.用变分法解群桩-承台(筏)系统 [J].土木工程学报,34(6):67-73.

[280] 陈明中,严平,龚晓南,2001.群桩与条形基础耦合结构的分析计算[J].水 利学报(3):32-36.

[281] 陈页开,徐日庆,任超,龚晓南,2001.基坑开挖的空间效应分析[J].建筑结 构,31(10):42-44.

[282] 陈页开,徐日庆,杨晓军,龚晓南,2001.基坑工程柔性挡墙土压力计算方法 [J].工业建筑,31(3):1-4.

[283] 董邑宁,徐日庆,龚晓南,2001.固化剂 ZDYT-1 加固土试验研究[J].岩土 工程学报,23(4):472-475.

[284] 龚晓南,陈明中,2001.桩筏基础设计方案优化若干问题[J].土木工程学 报,34(4):107-110.

[285] 侯永峰,张航,周建,龚晓南,2001.循环荷载作用下复合地基沉降分析[J]. 工业建筑,31(6):40-42.

[286] 侯永峰,张航,周建,龚晓南,2001.循环荷载作用下水泥复合土变形性状试验研究[J].岩土工程学报,23(3):288-291.

[287] 黄春娥,龚晓南,2001.条分法与有限元法相结合分析渗流作用下的基坑边坡稳定性[J].水利学报(3):6-10.

[288] 黄春娥,龚晓南,顾晓鲁,2001.考虑渗流的基坑边坡稳定分析[J].土木工程学报,34(4):98-101.

[289] 李大勇,龚晓南,张土乔,2001.软土地基深基坑周围地下管线保护措施的数值模拟[J].岩土工程学报,23(6):736-740.

[290] 李大勇,龚晓南,张土乔,2001.深基坑工程中地下管线位移影响因素分析[J].岩石力学与工程学报,20(A1):1083-1087.

[291] 李海晓,龚晓南,林楠,2001.复合地基的地震动力反应分析[J].工业建筑,31(6):43-45.

[292] 罗嗣海,潘小青,黄松华,龚晓南,2001.强夯置换深度的统计研究[J].工程勘察(5):38-39.

[293] 马克生,龚晓南,2001.柔性桩沉降可靠性的简化分析公式[J].水利学报(2):63-68.

[294] 马克生,杨晓军,龚晓南,2001.柔性桩沉降的随机特性[J].力学季刊,22(3):329-334.

[295] 谭昌明,徐日庆,龚晓南,2001.土体双曲线本构模型的参数反演[J].浙江大学学报(工学版),35(1):57-61.

[296] 王国光,严平,龚晓南,王成华,2001.采取止水措施的基坑渗流场研究[J].工业建筑,31(4):43-45.

[297] 吴慧明,龚晓南,2001.刚性基础与柔性基础下复合地基模型试验对比研究[J].土木工程学报,34(5):81-84.

[298] 吴忠怀,吴武胜,龚晓南,2001.强夯置换深度估算的拟静力法[J].华东地质学院学报,24(4):306-308.

[299] 熊传祥,鄢飞,周建安,龚晓南,2001.土结构性对软土地基性状的影响[J].福州大学学报(自然科学版),29(5):89-92.

[300] 严平,龚晓南,2001.基础工程在各种极限状态下的承载力[J].土木工程学报,34(2):62-67.

[301] 俞建霖,龚晓南,2001.基坑工程地下水回灌系统的设计与应用技术研究

［J］.建筑结构学报,22(5):70-74.

［302］袁静,龚晓南,2001.基坑开挖过程中软土性状若干问题的分析［J］.浙江大学学报(工学版),35(5):465-470.

［303］袁静,龚晓南,益德清,2001.岩土流变模型的比较研究［J］.岩石力学与工程学报,20(6):772-779.

［304］张土乔,张仪萍,龚晓南,2001.基坑单支撑拱形围护结构性状分析［J］.岩土工程学报,23(1):99-103.

［305］张旭辉,龚晓南,2001.锚管桩复合土钉支护的应用研究［J］.建筑施工,23(6):436-437.

［306］张旭辉,杨晓军,龚晓南,2001.软土地基堆载极限高度的计算分析［J］.公路(5):33-36.

［307］曾庆军,龚晓南,2001.深基坑降排水-注水系统优化设计理论［J］.土木工程学报,34(2):74-78.

［308］曾庆军,周波,龚晓南,2001.冲击荷载下饱和粘土孔压特性初探［J］.岩土力学,22(4):427-431.

［309］周健,余嘉澍,龚晓南,2001.临海市防洪堤稳定分析［J］.浙江水利水电专科学校学报,13(3):4-6.

［310］Gong X N, 2001. Development and application to high-rise building of composite foundation［C］//韩·中地盘工学讲演会论文集:34.

［311］Xu R Q, Yan P, Gong X N, 2001. Parameter back-analysis of the hyperbolic constitutive model of soils ［C］// The 6th International Symposium on Geotechnical Aspects of Underground Construction in Soft Ground. Shanghai: Tongji University Press:495.

［312］Xu R Q, Gong X N, 2001. Back analysis method of characteristics of rock masses with particular reference to a case study［C］//韩·中地盘工学讲演会论文集:45.

［313］Zhou J, Gong X N, 2001. Strain degradation of saturated clay under cyclic loading［J］. Canadian Geotechnical Journal, 38(1): 208-212.

［314］陈昌富,龚晓南,2002.戈壁滩上露天矿坑稳定性分析仿生算法研究［C］//岩石力学新进展与西部开发中的岩土工程问题——中国岩石力学与工程学会第七次学术大会论文集.北京:中国科学技术出版社.

[315] 陈昌富,龚晓南,2002.露天矿边坡破坏概率计算混合遗传算法[J].工程地质学报,10(3):305-308.

[316] 陈昌富,袁玲红,龚晓南,2002.边坡稳定性评价 T-S 型模糊神经网络模型[C]//第十一届全国结构工程学术会议论文集第Ⅱ卷:北京:《工程力学》杂志社.

[317] 陈福全,龚晓南,竺存宏,2002.大直径圆筒码头结构土压力性状模型试验[J].岩土工程学报,24(1):72-75.

[318] 陈页开,徐日庆,杨仲轩,龚晓南,2002.变位方式对挡土墙被动土压力影响的试验研究[C]//地基处理理论与实践:第七届全国地基处理学术讨论会论文集.北京:中国水利水电出版社:526.

[319] 董邑宁,张青娥,徐日庆,龚晓南,2002.ZDYT-2 固化软土试验研究[J].土木工程学报,35(3):82-86.

[320] 冯海宁,邓超,龚晓南,徐日庆,2002.顶管施工对土体扰动的弹塑性区的计算分析[C]//岩土力学及工程理论与实践——华东地区第五届暨浙江省第五届岩土力学与工程学术讨论会论文集.北京:中国水利水电出版社:13.

[321] 冯海宁,龚晓南,2002.刚性垫层复合地基的特性研究[J].浙江建筑(2):26-28.

[322] 冯海宁,龚晓南,徐日庆,肖俊,罗曼慧,金自立,2002.矩形沉井后背墙最大反力及顶管最大顶力的计算[C]//地基处理理论与实践:第七届全国地基处理学术讨论会论文集.北京:中国水利水电出版社:588.

[323] 冯海宁,徐日庆,龚晓南,2002.沉井后背墙土抗力计算的探讨[J].中国市政工程(1):64-66.

[324] 冯海宁,杨有海,龚晓南,2002.粉煤灰工程特性的试验研究[J].岩土力学,23(5):579-582.

[325] 葛忻声,龚晓南,2002.挤扩支肋桩在杭州地区的现场试验[J].科技通报,18(4):284-288.

[326] 葛忻声,龚晓南,张先明,2002.长短桩复合地基设计计算方法的探讨[J].建筑结构,32(7):3-4.

[327] 葛忻声,李宇进,龚晓南,2002.长短桩复合地基共同作用的有限元分析[C]//岩土力学及工程理论与实践——华东地区第五届暨浙江省第五届岩土力学与工程学术讨论会论文集.北京:中国水利水电出版社:321.

[328] 葛忻声,温育琳,龚晓南,2002.刚柔组合桩复合地基的沉降计算[J].太原理工大学学报,33(6):647-648.

[329] 龚晓南,2002.土钉定义和土钉支护计算模型[J].地基处理,13(1):52-54.

[330] 龚晓南,2002.土钉支护适用范围和设计中应注意的几个问题[J].地基处理,13(2):54-55.

[331] 龚晓南,岑仰润,2002.真空预压加固地基若干问题[J].地基处理,13(4):7-11.

[332] 龚晓南,岑仰润,2002.真空预压加固软土地基机理探讨[J].哈尔滨建筑大学学报,35(2):7-10.

[333] 龚晓南,岑仰润,李昌宁,2002.真空排水预压加固软土地基的研究现状及展望[C]//地基处理理论与实践:第七届全国地基处理学术讨论会论文集.北京:中国水利水电出版社:3.

[334] 龚晓南,李海芳,2002.土工合成材料应用的新进展及展望[J].地基处理,13(1):10-15.

[335] 龚晓南,马克生,白晓红,梁仁旺,巨玉文,张小菊,2002.复合地基沉降可靠度分析[C]//地基处理理论与实践:第七届全国地基处理学术讨论会论文集.北京:中国水利水电出版社:515.

[336] 黄春娥,龚晓南,2002.承压含水层对基坑边坡稳定性影响的初步探讨[J].建筑技术,33(2):92.

[337] 黄春娥,龚晓南,2002.初探承压含水层对基坑边坡稳定性的影响[J].工业建筑,32(3):82-83.

[338] 李昌宁,龚晓南,2002.矿岩散体的非均匀度研究[J].矿冶工程,22(2):37-39.

[339] 李大勇,俞建霖,龚晓南,2002.深基坑工程中地下管线的保护问题分析[J].建筑技术,33(2):95-96.

[340] 李海芳,龚晓南,薛守义,2002.一五〇电厂三期灰坝动力反应分析及地震安全评估[C]//岩土力学及工程理论与实践——华东地区第五届暨浙江省第五届岩土力学与工程学术讨论会论文集.北京:中国水利水电出版社:38.

[341] 罗嗣海,潘小青,黄松华,龚晓南,2002.置换深度估算的一维波动方程法[J].地球科学:中国地质大学学报,27(1):115-119.

[342] 罗战友,龚晓南,2002.基于经验的砂土液化灰色关联系数分析与评价[J].

工业建筑,32(11):36-39.

[343] 施晓春,龚晓南,徐日庆,2002.水平荷载作用下桶形基础性状的数值分析[J].中国公路学报,15(4):49-52.

[344] 施晓春,许祥芳,裘滨,龚晓南,2002.水平荷载作用下桶形基础的性状[C]//地基处理理论与实践:第七届全国地基处理学术讨论会论文集.北京:中国水利水电出版社:584.

[345] 谭昌明,徐日庆,周建,龚晓南,2002.软粘土路基沉降的一维固结反演与预测[J].中国公路学报,15(4):14-16.

[346] 童小东,龚晓南,蒋永生,2002.水泥加固土的弹塑性损伤模型[J].工程力学,19(6):33-38.

[347] 童小东,龚晓南,蒋永生,2002.水泥土的弹塑性损伤试验研究[J].土木工程学报,35(4):82-85.

[348] 王国光,严平,龚晓南,2002.考虑共同作用的复合地基沉降计算[J].建筑结构,32(11):67-69.

[349] 熊传祥,周建安,龚晓南,简文彬,2002.软土结构性试验研究[J].工业建筑,32(3):35-37.

[350] 徐日庆,陈页开,杨仲轩,龚晓南,2002.刚性挡墙被动土压力模型试验研究[J].岩土工程学报,24(5):569-575.

[351] 杨军龙,龚晓南,孙邦臣,2002.长短桩复合地基沉降计算方法探讨[J].建筑结构,32(7):8-10.

[352] 俞建霖,龚晓南,2002.基坑工程变形性状研究[J].土木工程学报,35(4):86-90.

[353] 俞炯奇,龚晓南,张土乔,2002.非均质地基中单桩沉降特性分析[J].岩土工程界,5(7):33-34.

[354] 俞顺年,来盾矛,俞建霖,龚晓南,2002.杭州大剧院动力房深基坑变形及稳定控制[C]//地基处理理论与实践:第七届全国地基处理学术讨论会论文集.北京:中国水利水电出版社:461.

[355] 俞顺年,鲁美霞,王高帆,俞建霖,龚晓南,2002.杭州大剧院台仓深基坑变形及稳定控制[C]//岩土力学及工程理论与实践——华东地区第五届暨浙江省第五届岩土力学与工程学术讨论会论文集.北京:中国水利水电出版社:199.

［356］袁静,益德清,龚晓南,2002.黏土的蠕变-松弛耦合试验的方法初探［C］//岩石力学新进展与西部开发中的岩土工程问题——中国岩石力学与工程学会第七次学术大会论文集.北京:中国科学技术出版社.

［357］张土乔,张仪萍,龚晓南,2002.基于拱梁法原理的深基坑拱形围护结构分析［J］.土木工程学报,35(5):64-69.

［358］张先明,葛忻声,龚晓南,兰四清,2002.长短桩复合地基设计计算探讨［C］//地基处理理论与实践:第七届全国地基处理学术讨论会论文集.北京:中国水利水电出版社:267.

［359］张旭辉,徐日庆,龚晓南,2002.圆弧条分法边坡稳定计算参数的重要性分析［J］.岩土力学,23(3):372-374.

［360］曾庆军,周波,龚晓南,2002.冲击荷载下饱和软粘土孔压增长与消散规律的一维模型试验［J］.实验力学,17(2):212-219.

［361］周建,俞建霖,龚晓南,2002.高速公路软土地基低强度桩应用研究［J］.地基处理,13(2):3-14.

［362］左人宇,严平,龚晓南,2002.几种桩墙合一的施工工艺［J］.建筑技术,33(3):197.

［363］Gong X N, Zeng K H, 2002. On composite foundation［C］// Proceedings of the International Conference on Innovation and Sustainable Development of Civil Engineering in the 21st Century:67.

［364］Zhang X H, Gong X N, Zhou J, 2002. A new bracing structure:channel-pile composite soil nailing［C］// Proceedings of the 7th International Symposium on Structure Engineering for Young Experts. New York:Science Press:662.

［365］岑仰润,龚晓南,温晓贵,2003.真空排水预压工程中孔压实测资料的分析与应用［J］.浙江大学学报(工学版),37(1):16-18.

［366］岑仰润,俞建霖,龚晓南,2003.真空排水预压工程中真空度的现场测试与分析［J］.岩土力学,24(4):603-605.

［367］曾开华,龚晓南,2003.马芜高速公路软土地基处理方案分析［J］.中南公路工程,28(4):78-80.

［368］陈昌富,龚晓南,王贻荪,2003.自适应蚁群算法及其在边坡工程中的应用［J］.浙江大学学报(工学版),37(5):566-569.

［369］陈昌富,龚晓南,赵明华,2003.混沌蚁群算法及其工程应用［C］//《中国

土木工程学会第九届土力学及岩土工程学术会议论文集》编委会.中国土木工程学会第九届土力学及岩土工程学术会议论文集.北京:清华大学出版社.

[370] 陈昌富,杨宇,龚晓南,2003.基于遗传算法地震荷载作用下边坡稳定性分析水平条分法[J].岩石力学与工程学报,22(11):1919-1923.

[371] 褚航,益德清,龚晓南,2003.理论t-z法在双桩相互影响系数计算中的应用[J].工业建筑,33(12):58-60.

[372] 邓超,龚晓南,2003.长短柱复合地基在高层建筑中的应用[J].建筑施工,25(1):18-20.

[373] 丁洲祥,龚晓南,李又云,谢永利,2003.应力变形协调分析新理论及其在路基沉降计算中的应用[C]//中国土木工程学会第九届土力学及岩土工程学术会议论文集.北京:清华大学出版社.

[374] 丁洲祥,龚晓南,唐亚江,李天柱,2003.考虑自重变化的协调分析方法及其在路基沉降计算中的应用[J].地质与勘探,39(Z2):252-255.

[375] 冯海宁,龚晓南,杨有海,2003.双灰桩材料工程特性的试验研究[J].土木工程学报,36(2):67-71.

[376] 冯海宁,温晓贵,龚晓南,2003.顶管施工环境影响的二维有限元计算分析[J].浙江大学学报(工学版),37(4):432-435.

[377] 冯海宁,温晓贵,魏纲,刘春,杨仲轩,龚晓南,2003.顶管施工对土体影响的现场试验研究[J].岩土力学,24(5):781-785.

[378] 葛忻声,龚晓南,2003.灌注桩的竖向静载荷试验及其受力性状分析[J].建筑技术,34(3):183-184.

[379] 葛忻声,龚晓南,白晓红,2003.高层建筑复合桩基的整体性状分析[J].岩土工程学报,25(6):758-760.

[380] 葛忻声,龚晓南,张先明,2003.长短桩复合地基有限元分析及设计计算方法探讨[J].建筑结构学报,24(4):91-96.

[381] 龚晓南,2003.《复合地基理论及工程应用》简介[J].岩土工程学报,25(2):251.

[382] 龚晓南,2003.土钉和复合土钉支护若干问题[J].土木工程学报,36(10):80-83.

[383] 龚晓南,2003.桩体发现渗水怎么办?[J].地基处理,14(3):71.

[384] 龚晓南,褚航,2003.基础刚度对复合地基性状的影响[J].工程力学,20(4):67-73.

[385] 李昌宁,何江,刘凯年,龚晓南,2003.南京地铁车站深基坑稳定性分析及钢支撑移换技术[C]//全国岩土与工程学术大会论文集(下).北京:人民交通出版社.

[386] 李大勇,龚晓南,2003.软土地基深基坑工程邻近柔性接口地下管线的性状分析[J].土木工程学报,36(2):77-80.

[387] 李大勇,龚晓南,2003.深基坑开挖对周围地下管线影响因素分析[J].建筑技术,34(2):94-96.

[388] 李光范,龚晓南,郑镇燮,2003.压实花岗土的 Yasufukus 模型研究[J].岩土工程学报,25(5):557-561.

[389] 李海芳,温晓贵,龚晓南,2003.低强度桩复合地基处理桥头跳车现场试验研究[J].中南公路工程,28(3):27-29.

[390] 李海芳,温晓贵,龚晓南,薛守义,杨涛,2003. Flyash properties and analysis of flyash dam stability under seismic load[J].煤炭学报(英文版),9(2):95-98.

[391] 刘恒新,温晓贵,魏纲,龚晓南,2003.低强度混凝土桩处理桥头软基的试验研究[J].公路(11):43-46.

[392] 罗战友,龚晓南,杨晓军,2003.全过程沉降量的灰色 Verhulst 预测方法[J].水利学报(3):29-32.

[393] 施晓春,龚晓南,俞建霖,陈国祥,2003.桶形基础抗拔力试验研究[J].建筑结构,33(8):49-51.

[394] 宋金良,龚晓南,凌道盛,2003.大型桩-筏基础筏板竖向位移及位移差变化特征[J].煤田地质与勘探,31(3):38-42.

[395] 宋金良,龚晓南,徐日庆,2003.圆形工作井的土反力分布特征研究[J].煤田地质与勘探,31(6):39-42.

[396] 孙伟,龚晓南,2003.弹塑性有限元法在土坡稳定分析中的应用[J].太原理工大学学报,34(2):199-202.

[397] 孙伟,龚晓南,2003.土坡稳定分析强度折减有限元法[J].科技通报,19(4):319-322.

[398] 王国光,龚晓南,严平,2003.不能承受拉应力材料半无限空间弹性理论解[C]//中国土木工程学会第九届土力学及岩土工程学术会议论文集.北

京:清华大学出版社.

[399] 王国光,严平,龚晓南,2003.桩基荷载作用下地基土竖向应力的上限估计[J].岩土工程学报,25(1):116-118.

[400] 王哲,龚晓南,金凤礼,周永祥,2003.门架式围护结构的设计与计算[J].地基处理,14(4):3-11.

[401] 严平,余子华,龚晓南,2003.地下工程新技术——一桩三用[J].杭州科技(1):36-37.

[402] 袁静,施祖元,益德清,龚晓南,2003.对软土流变本构模型的探讨[C]//第一届全国环境岩土工程与土工合成材料技术研讨会论文集.杭州:浙江大学出版社.

[403] 张旭辉,龚晓南,2003.锚管桩复合土钉支护构造与稳定性分析[J].建筑施工,25(4):247-248.

[404] 张旭辉,龚晓南,徐日庆,2003.边坡稳定影响因素敏感性的正交法计算分析[J].中国公路学报,16(1):36-39.

[405] 曾开华,俞建霖,龚晓南,2003.高速公路通道软基低强度混凝土桩处理试验研究[J].岩土工程学报,25(6):715-719.

[406] 郑君,张土乔,龚晓南,2003.均质地基中单桩的沉降特性分析[J].浙江水利科技(6):14-15.

[407] 朱建才,温晓贵,龚晓南,岑仰润,2003.真空排水预压法中真空度分布的影响因素分析[J].哈尔滨工业大学学报,35(11):1399-1401.

[408] 陈昌富,龚晓南,2004.混沌扰动启发式蚁群算法及其在边坡非圆弧临界滑动面搜索中的应用[J].岩石力学与工程学报,23(20):3450-3453.

[409] 陈昌富,龚晓南,2004.启发式蚁群算法及其在高填石路堤稳定性分析中的应用[J].数学的实践与认识,34(6):89-92.

[410] 陈页开,汪益敏,徐日庆,龚晓南,2004.刚性挡土墙被动土压力数值分析[J].岩石力学与工程学报,23(6):980-988.

[411] 陈页开,汪益敏,徐日庆,龚晓南,2004.刚性挡土墙主动土压力数值分析[J].岩石力学与工程学报,23(6):989-995.

[412] 陈湧彪,祝哨晨,金小荣,俞建霖,龚晓南,2004.基坑降水对周围环境影响的有限元分析[C]//地基处理理论与实践新进展——第八届全国地基处理学术讨论会论文集.合肥:合肥工业大学出版社:383.

[413] 褚航,龚晓南,2004.利用有限元法进行参数反分析的研究[J].中国市政工程(4):21-23.

[414] 丁洲祥,龚晓南,李韬,谢永利,2004.三维大变形固结本构方程的矩阵表述[J].地基处理,15(4):21-33.

[415] 丁洲祥,龚晓南,唐启,2004.从 Biot 固结理论认识渗透力[J].地基处理,15(3):3-6.

[416] 丁洲祥,龚晓南,俞建霖,2004.基坑降水引起的地面沉降规律及参数敏感性简析[J].地基处理,15(2):3-8.

[417] 丁洲祥,俞建霖,祝哨晨,龚晓南,2004.土水势方程对 Biot 固结 FEM 的影响研究[J].浙江大学学报(理学版),31(6):716-720.

[418] 冯海宁,龚晓南,徐日庆,2004.顶管施工环境影响的有限元计算分析[J].岩石力学与工程学报,23(7):1158-1162.

[419] 冯俊福,俞建霖,龚晓南,2004.反分析技术在基坑开挖及预测中的应用[J].建筑技术,35(5):346-347.

[420] 龚晓南,2004.1 + 1 = ?[J].地基处理,15(4):57-58.

[421] 龚晓南,2004.基坑工程设计中应注意的几个问题[J].工业建筑,34(Z2):1-4.

[422] 金小荣,邓超,俞建霖,祝哨晨,龚晓南,2004.基坑降水引起的沉降计算初探[J].工业建筑,34(Z2):130-133.

[423] 李昌宁,项志敏,龚晓南,2004.高速铁路软土地基处理技术及沉降控制研究[C]//科技、工程与经济社会协调发展——中国科协第五届青年学术年会论文集.北京:中国科学技术出版社.

[424] 李光范,郑镇燮,龚晓南,2004.压实花岗土的试验研究[J].岩石力学与工程学报,23(2):235-241.

[425] 李海芳,龚晓南,黄晓,2004.路堤下复合地基沉降影响因素有限分析[C]//地基处理理论与实践新进展——第八届全国地基处理学术讨论会论文集.合肥:合肥工业大学出版社:44.

[426] 李海芳,龚晓南,温晓贵,2004.复合地基孔隙水压力原型观测结果分析[J].低温建筑技术(4):52-53.

[427] 李海芳,温晓贵,龚晓南,2004.路堤荷载下刚性桩复合地基的现场试验研究[J].岩土工程学报,26(3):419-421.

[428] 罗战友,董清华,龚晓南,2004.未达到破坏的单桩极限承载力的灰色预测[J].岩土力学,25(2):304-307.

[429] 罗战友,杨晓军,龚晓南,2004.考虑材料的拉压模量不同及应变软化特性的柱形孔扩张问题[J].工程力学,21(2):40-45.

[430] 沈扬,梁晓东,岑仰润,龚晓南,2004.真空固结室内实验模拟与机理浅析[J].中国农村水利水电(4):58-60.

[431] 宋金良,龚晓南,徐日庆,2004.SMW工法圆形工作井内力分析[J].煤田地质与勘探,32(6):42-44.

[432] 孙红月,尚岳全,龚晓南,2004.工程措施影响滑坡地下水动态的数值模拟研究[J].工程地质学报,12(4):436-440.

[433] 孙钧,周健,龚晓南,张弥,2004.受施工扰动影响土体环境稳定理论与变形控制[J].同济大学学报(自然科学版),32(10):1261-1269.

[434] 孙伟,龚晓南,孙东,2004.高速公路拓宽工程变形性状分析[J].中南公路工程,29(4):53-55.

[435] 温晓贵,刘恒新,龚晓南,2004.低强度桩在桥头软基处理中的应用研究[J].中国市政工程(6):22-24.

[436] 温晓贵,朱建才,龚晓南,2004.真空堆载联合预压加固软基机理的试验研究[J].工业建筑,34(5):40-43.

[437] 邢皓枫,龚晓南,傅海峰,2004.混凝土面板堆石坝软岩坝料开采填筑技术研究[J].水力发电,30(A1):129-136.

[438] 邢皓枫,龚晓南,傅海峰,王正宏,2004.混凝土面板堆石坝软岩坝料填筑技术研究[J].岩土工程学报,26(2):234-238.

[439] 俞建霖,岑仰润,金小荣,龚晓南,陆振华,2004.某别墅区滑坡的综合治理及效果分析[C]//地基处理理论与实践新进展——第八届全国地基处理学术讨论会论文集.合肥:合肥工业大学出版社.

[440] 俞建霖,曾开华,温晓贵,张耀东,龚晓南,2004.深埋重力-门架式围护结构性状研究与应用[J].岩石力学与工程学报,23(9):1578-1584.

[441] 袁静,龚晓南,刘兴旺,益德清,2004.软土各向异性三屈服面流变模型[J].岩土工程学报,26(1):88-94.

[442] 张旭辉,董福涛,龚晓南,施晓春,2004.锚管桩复合土钉支护机理分析[C]//地基处理理论与实践新进展——第八届全国地基处理学术讨论会

论文集.合肥:合肥工业大学出版社:371.

[443] 张旭辉,龚晓南,2004.复合土钉支护设计参数重要性分析[C]//土木建筑工程新技术.杭州:浙江大学出版社:54.

[444] 张雪松,屠毓敏,龚晓南,潘巨忠,2004.软粘土地基中挤土桩沉降时效性分析[J].岩石力学与工程学报,23(19):3365-3369.

[445] 曾开华,俞建霖,龚晓南,2004.路堤荷载下低强度混凝土桩复合地基性状分析[J].浙江大学学报(工学版),38(2):185-190.

[446] 郑坚,龚晓南,2004.土钉支护工作性能的现场监测分析[J].建筑技术,35(5):337-339.

[447] 朱建才,李文兵,龚晓南,2004.真空联合堆载预压加固软基中的地下水位监测成果分析[J].工程勘察(5):27-30.

[448] 朱建才,温晓贵,龚晓南,2004.真空排水预压加固软基中的孔隙水压力消散规律[J].水利学报(8):123-128.

[449] 朱建才,温晓贵,龚晓南,2004.真空预压加固软基中的真空度监测成果分析[J].地基处理,15(1):3-8.

[450] 朱建才,温晓贵,龚晓南,李文兵,2004.真空联合堆载预压加固软土地基的影响区分析[C]//地基处理理论与实践新进展——第八届全国地基处理学术讨论会论文集.合肥:合肥工业大学出版社:67.

[451] 陈昌富,龚晓南,2005.基于小生境遗传算法软土地基上加筋路堤稳定性分析[J].工程地质学报,13(4):516-520.

[452] 陈志军,陈强,龚晓南,2005.公路加筋土挡墙最危险滑动面的优化搜索技术[J].华东公路(2):81-85.

[453] 陈志军,陈强,龚晓南,2005.加筋土挡墙的原型墙观测及有限元模拟研究[J].华东公路(4):56-61.

[454] 丁洲祥,龚晓南,李又云,刘保健,2005.割线模量法在沉降计算中存在的问题及改进探讨[J].岩土工程学报,27(3):313-316.

[455] 丁洲祥,龚晓南,李又云,唐启,2005.考虑变质量的路基沉降应力变形协调分析法[J].中国公路学报,18(2):6-11.

[456] 丁洲祥,龚晓南,谢永利,2005.欧拉描述的大变形固结理论[J].力学学报,37(1):92-99.

[457] 丁洲祥,龚晓南,俞建霖,2005.割线模量法及其浙江地区若干工程中的应

用[J].河海大学学报(自然科学版),33(A1):11.

[458] 丁洲祥,龚晓南,俞建霖,金小荣,祝哨晨,2005.止水帷幕对基坑环境效应影响的有限元分析[J].岩土力学,26(S1):146-150.

[459] 丁洲祥,谢永利,龚晓南,俞建霖,2005.时间差分格式对路基Biot固结有限元分析的影响[J].长安大学学报(自然科学版),25(2):33-37.

[460] 丁洲祥,俞建霖,龚晓南,金小荣,2005.改进Biot固结理论移动网格有限元分析[J].浙江大学学报(工学版),39(9):1383-1387.

[461] 丁洲祥,俞建霖,朱建才,龚晓南,2005.真空-堆载联合预压加固地基简化非线性分析[J].浙江大学学报:(工学版),39(12):1897-1901.

[462] 冯俊福,俞建霖,杨学林,龚晓南,2005.考虑动态因素的深基坑开挖反演分析及预测[J].岩土力学,26(3):455-460.

[463] 高海江,龚晓南,金小荣,2005.真空预压降低地下水位机理探讨[J].低温建筑技术(6):97-99.

[464] 龚晓南,2005.当前复合地基工程应用中应注意的两个问题[J].地基处理,16(2):57-58.

[465] 龚晓南,2005.高等级公路地基处理技术在我国的发展[C]//龚晓南.高速公路地基处理理论与实践——全国高速公路地基处理学术研讨会论文集.广州:人民交通出版社.

[466] 龚晓南,2005.关于基坑工程的几点思考[J].土木工程学报,38(9):99-102.

[467] 龚晓南,2005.广义复合地基理论若干问题[C]//杭州市科学技术协会.杭州市科协第二届学术年会论文集.杭州:浙江大学出版社:45-54.

[468] 龚晓南,2005.应重视上硬下软多层地基中挤土桩挤土效应的影响[J].地基处理,16(3):63-64.

[469] 黄敏,龚晓南,2005.带翼板预应力管桩承载性能的模拟分析[J].土木工程学报,38(2):102-105.

[470] 黄敏,龚晓南,2005.一种带翼板预应力管桩及其性能初步研究[J].土木工程学报,38(5):59-62.

[471] 金小荣,俞建霖,祝哨晨,龚晓南,2005.基坑降水引起周围土体沉降性状分析[J].岩土力学,26(10):1575-1581.

[472] 李海芳,龚晓南,2005.路堤下复合地基沉降影响因素有限元分析[J].工业建筑,35(6):49-51.

［473］李海芳,龚晓南,2005.填土荷载下复合地基加固区压缩量的简化算法［J］.固体力学学报,26(1):111-114.

［474］李海芳,龚晓南,温晓贵,2005.低强度桩复合地基深层位移观测结果分析［J］.工业建筑,35(1):47-49.

［475］李海芳,龚晓南,温晓贵,2005.桥头段刚性桩复合地基现场观测结果分析［J］.岩石力学与工程学报,24(15):2780-2785.

［476］李海芳,温晓贵,龚晓南,2005.路堤荷载下复合地基加固区压缩量的解析算法［J］.土木工程学报,38(3):77-80.

［477］刘岸军,龚晓南,钱国桢,2005.土锚杆和挡土桩共同作用的经验分析法［J］.建筑施工,27(3):5-7.

［478］刘岸军,钱国桢,龚晓南,2005.土锚杆挡土桩共同作用的非线性拟合解［C］//杭州市科学技术协会.杭州市科协第二届学术年会论文集.杭州:浙江大学出版社.

［479］刘恒新,龚晓南,温晓贵,2005.低强度桩在桥头深厚软基处理中的应用［J］.中南公路工程,30(1):57-58.

［480］罗战友,龚晓南,王建良,王伟堂,2005.静压桩挤土效应数值模拟及影响因素分析［J］.浙江大学学报(工学版),39(7):992-996.

［481］罗战友,童健儿,龚晓南,2005.预钻孔及管桩情况下的压桩挤土效应研究［J］.地基处理,16(1):3-8.

［482］罗战友,杨晓军,龚晓南,2005.基于支持向量机的边坡稳定性预测模型［J］.岩石力学与工程学报,24(1):144-148.

［483］邵玉芳,龚晓南,徐日庆,刘增永,2005.有机质对土壤固化剂加固效果影响的研究进展［J］.农机化研究(1):23-24,27.

［484］王哲,龚晓南,2005.轴向与横向力同时作用下大直径灌注筒桩的受力分析［J］.苏州科技学院学报:工程技术版,18(3):31-37.

［485］王哲,龚晓南,陈建强,2005.大直径灌注筒桩轴向荷载传递性状分析［J］.苏州科技学院学报(工程技术版),18(1):32-38.

［486］王哲,龚晓南,程永辉,张玉国,2005.劈裂注浆法在运营铁路软土地基处理中的应用［J］.岩石力学与工程学报,24(9):1619-1623.

［487］王哲,龚晓南,丁洲祥,周建,2005.大直径薄壁灌注筒桩土芯对承载性状影响的试验及其理论研究［J］.岩石力学与工程学报,24(21):3916-3921.

［488］王哲,龚晓南,郭平,胡明华,郑尔康,2005.大直径薄壁灌注筒桩在堤防工程中的应用［J］.岩土工程学报,27(1):121-124.

［489］王哲,龚晓南,张玉国,2005.大直径灌注筒桩轴向荷载-沉降曲线的一种解析算法［J］.建筑结构学报,26(4):123-129.

［490］王哲,周建,龚晓南,2005.考虑土芯作用的大直径灌注筒桩轴向荷载传递性状分析［J］.岩土工程学报,27(10):1185-1189.

［491］夏建中,罗战友,龚晓南,边大可,2005.基于支持向量机的砂土液化预测模型［J］.岩石力学与工程学报,24(22):4139-4144.

［492］邢皓枫,龚晓南,杨晓军,2005.碎石桩复合地基固结简化分析［J］.岩土工程学报,27(5):521-524.

［493］邢皓枫,杨晓军,龚晓南,2005.碎石桩复合地基试验及固结分析［J］.煤田地质与勘探,33(3):48-51.

［494］俞建霖,曾开华,龚晓南,岳原发,2005.高速公路拓宽工程硬路肩下土体注浆加固试验研究［J］.中国公路学报,18(3):27-31.

［495］朱建才,陈兰云,龚晓南,2005.高等级公路桥头软基真空联合堆载预压加固试验研究［J］.岩石力学与工程学报,24(12):2160-2165.

［496］朱建才,温晓贵,龚晓南,2005.真空预压加固软基施工工艺及其改进［J］.地基处理,16(2):28-32.

［497］朱建才,周群建,龚晓南,2005.两种桥头软基处理方法在某高等级公路中的应用［C］//杭州市科学技术协会.杭州市科协第二届学术年会论文集.杭州:浙江大学出版社.

［498］陈昌富,杨宇,龚晓南,2006.考虑应变软化纤维增强混凝土圆管极限荷载统一解［J］.应用基础与工程科学学报,14(4):496-505.

［499］丁洲祥,龚晓南,谢永利,李韬,2006.基于不同客观本构关系的路基大变形固结分析［J］.岩土力学,27(9):1485-1489.

［500］丁洲祥,龚晓南,朱合华,谢永利,刘保健,2006.大变形有效应力分析退化为总应力分析的新方法［J］.岩土力学,27(12):2111-2114.

［501］丁洲祥,朱合华,龚晓南,2006.大变形固结理论最终沉降量分析［C］//第一届中国水利水电岩土力学与工程学术讨论会论文集(下册):455-458.

［502］高海江,俞建霖,金小荣,龚晓南,2006.真空预压中设置应力释放沟的现场测试和分析［J］.中国农村水利水电(5):75-77.

［503］龚晓南,2006.基坑工程发展中应重视的几个问题［J］.岩土工程学报, 28（B11）:1321-1324.

［504］龚晓南,2006.土力学学科特点及对教学的影响［C］//土力学教育与教 学——第一届全国土力学教学研讨会论文集.北京:人民交通出版社:33-37.

［505］金小荣,俞建霖,龚晓南,毛志兴,2006.真空联合堆载预压加固含承压水软 基中水位和出水量变化规律研究［J］.岩土力学,27（S2）:961-964.

［506］金小荣,俞建霖,龚晓南,朱建才,2006.缓解深厚软基桥头跳车两种方法的 现场试验［J］.煤田地质与勘探,34（3）:58-61.

［507］连峰,龚晓南,李阳,2006.双向复合地基研究现状及若干实例分析［J］.地 基处理,17（2）:3-9.

［508］梁晓东,江璞,沈扬,龚晓南,2006.复合地基等效实体法侧摩阻力分析［J］. 低温建筑技术（6）:105-106.

［509］刘岸军,龚晓南,钱国桢,2006.考虑施工过程的土层锚杆挡土桩共同作用 的非线性分析［J］.工业建筑,36（5）:74-78.

［510］刘岸军,钱国桢,龚晓南,2006.土层锚杆和挡土桩共同作用的非线性分析 及其优化设计［J］.岩土工程学报,28（10）:1288-1291.

［511］罗勇,龚晓南,连峰,2006.成层地基固结性状中不同定义平均固结度研究 分析［J］.科技通报,22（6）:813-816.

［512］罗战友,龚晓南,2006.基坑内土体加固对围护结构内力的影响分析［C］// 第一届中国水利水电岩土力学与工程学术讨论会论文集（下册）:246-247.

［513］罗战友,夏建中,龚晓南,2006.不同拉压模量及软化特性材料的球形孔扩 张问题的统一解［J］.工程力学,23（4）:22-27.

［514］吕秀杰,龚晓南,李建国,2006.强夯法施工参数的分析研究［J］.岩土力学, 27（9）:1628-1632.

［515］毛志兴,安春秀,黄达宇,杨雷霞,俞建霖,龚晓南,2006.220kV港湾变真空 联合堆载预压加固试验研究［C］//地基处理理论与实践——第九届全国 地基处理学术讨论会论文集.杭州:浙江大学出版社.

［516］邵玉芳,徐日庆,刘增永,龚晓南,2006.一种新型水泥固化土的试验研究 ［J］.浙江大学学报（工学版）,40（7）:1196-1200.

［517］沈扬,周建,龚晓南,2006.空心圆柱仪（HCA）模拟恒定围压下主应力轴循 环旋转应力路径能力分析［J］.岩土工程学报,28（3）:281-287.

[518] 沈扬,周建,龚晓南,2006.主应力轴旋转对土体性状影响的试验进展研究 [J].岩石力学与工程学报,25(7):1408-1416.

[519] 孙林娜,龚晓南,2006.锚杆静压桩在建筑物加固纠偏中的应用[J].低温建筑技术(1):62-63.

[520] 孙林娜,龚晓南,齐静静,2006.刚性承台下刚性桩复合地基附加应力研究 [C]//第一届中国水利水电岩土力学与工程学术讨论会论文集(下册): 189-191.

[521] 王哲,龚晓南,周建,2006.竖向力与水平向力同时作用下管桩的性状研究 [C]//《第二届全国岩土与工程学术大会论文集》编辑委员会.第二届全国岩土与工程学术大会论文集(下册).北京:科学出版社:36-44.

[522] 邢皓枫,龚晓南,杨晓军,2006.碎石桩加固双层地基固结简化分析[J].岩土力学,27(10):1739-1742.

[523] 邢皓枫,杨晓军,龚晓南,2006.刚性基础下水泥土桩复合地基固结分析 [J].浙江大学学报(工学版),40(3):485-489.

[524] 熊传祥,龚晓南,2006.一种改进的软土结构性弹塑性损伤模型[J].岩土力学,27(3):395-397.

[525] 严平,包红泽,龚晓南,2006.箱形基础在上下部共同作用下整体受力的极限分析[J].土木工程学报,39(8):107-112.

[526] 张耀东,龚晓南,2006.软土基坑抗隆起稳定性计算的改进[J].岩土工程学报,28(B11):1378-1382.

[527] Chen J Y, Gong X N, Wang M Y, 2006. A fractal-based soil-water characteristic curve model for unsaturated soils[C]//GeoShanghai International Conference, Shanghai.

[528] Gong X N, Xing H F, 2006. A simplified solution for the consolidation of composite foundation [C]// Porbaha A, Shen S L, Wartman J, Chai J C. Ground Modification and Seismic Mitigation. Reston: ASCE: 295-304.

[529] Xing H F, Gong X N, Zhou X G, Fu H F, 2006. Construction of concrete-faced rockfill dams with weak rocks [J]. Journal of Geotechnical and Geoenvironmental Engineering, 132(6): 778-785.

[530] 陈昌富,吴子儒,龚晓南,2007.复合形模拟退火算法及其在水泥土墙优化设计中的应用[J].岩土力学,28(12):2543-2548.

［531］丁洲祥,龚晓南,朱合华,蔡永昌,李天柱,唐亚江,2007. Biot 固结有限元方程组的病态规律分析［J］.岩土力学,28(2):269-273.

［532］丁洲祥,朱合华,龚晓南,蔡永昌,丁文其,2007.压缩试验本构关系的大变形表述法［J］.岩石力学与工程学报,26(7):1356-1364.

［533］葛忻声,翟晓力,白晓红,龚晓南,2007.高层建筑复合桩基的非线性数值模拟［C］//《中国土木工程学会第十届土力学及岩土工程学术会议论文集》编委会.中国土木工程学会第十届土力学及岩土工程学术会议论文集(中).重庆:重庆大学出版社:130-133.

［534］龚晓南,2007.广义复合地基理论及工程应用［J］.岩土工程学报,29(1):1-13.

［535］郭彪,龚晓南,余跃平,2007.绍兴县工程地质特性［J］.地基处理,18(4):61-70.

［536］金小荣,俞建霖,龚晓南,黄达宇,杨雷霞,2007.含承压水软基真空联合堆载预压加固试验研究［J］.岩土工程学报,29(5):789-794.

［537］金小荣,俞建霖,龚晓南,杨雷霞,2007.真空预压部分工艺的改进［J］.岩土力学,28(12):2711-2714.

［538］金小荣,俞建霖,龚晓南,杨雷霞,黄达宇,2007.含承压水软基真空联合堆载预压设计［J］.中国农村水利水电(3):110-112.

［539］金小荣,俞建霖,龚晓南,朱建才,2007.真空联合堆载预压加固深厚软基工后沉降的测试与分析［J］.中国农村水利水电(2):37-39.

［540］李昌宁,龚晓南,2007.王滩电站地下水泵房深基坑的开挖方案及稳定性分析［J］.铁道工程学报(5):28-32.

［541］李征,郭彪,龚晓南,2007.绍兴县滨海区高层建筑基础选型研究［J］.地基处理,18(3):48-52.

［542］连峰,龚晓南,付飞营,罗勇,李阳,2007.黄河下游冲积粉土地震液化机理及其判别［J］.浙江大学学报(工学版),41(9):1492-1498.

［543］连峰,龚晓南,张长生,2007.真空预压处理软基效果分析［J］.工业建筑,37(10):58-62.

［544］刘岸军,钱国桢,龚晓南,2007.土层锚杆挡土桩共同作用的非线性拟合解［J］.建筑结构,37(7):102-103.

［545］鹿群,龚晓南,2007.平面应变条件下静压桩施工对邻桩的影响［C］//《中

国土木工程学会第十届土力学及岩土工程学术会议论文集》编委会.中国土木工程学会第十届土力学及岩土工程学术会议论文集(中).重庆:重庆大学出版社:254-257.

[546]鹿群,龚晓南,崔武文,张克平,许明辉,2007.静压单桩挤土位移的有限元分析[J].岩土力学,28(11):2426-2430.

[547]鹿群,龚晓南,马明,王建良,2007.考虑桩机作用的静压桩挤土效应[J].浙江大学学报(工学版),41(7):1132-1135.

[548]鹿群,龚晓南,马明,王建良,2007.一例静力压桩挤土效应的观测及分析[J].科技通报,23(2):232-236.

[549]罗勇,龚晓南,吴瑞潜,2007.考虑渗流效应下基坑水土压力计算的新方法[J].浙江大学学报(工学版),41(1):157-160.

[550]罗勇,龚晓南,吴瑞潜,2007.颗粒流模拟和流体与颗粒相互作用分析[J].浙江大学学报(工学版),41(11):1932-1936.

[551]罗勇,龚晓南,吴瑞潜,2007.桩墙结构的颗粒流数值模拟研究[J].科技通报,23(6):853-857.

[552]罗战友,龚晓南,朱向荣,2007.静压桩挤土效应理论研究的分析与评价[C]//《中国土木工程学会第十届土力学及岩土工程学术会议论文集》编委会.中国土木工程学会第十届土力学及岩土工程学术会议论文集(中).重庆:重庆大学出版社:219-224.

[553]邵玉芳,龚晓南,徐日庆,刘增永,2007.腐殖酸对水泥土强度的影响[J].江苏大学学报(自然科学版),28(4):354-357.

[554]邵玉芳,龚晓南,徐日庆,刘增永,2007.含腐殖酸软土的固化试验研究[J].浙江大学学报(工学版),41(9):1472-1476.

[555]邵玉芳,龚晓南,郑尔康,刘增永,2007.疏浚淤泥的固化试验研究[J].农业工程学报,23(9):191-194.

[556]沈扬,周建,张金良,龚晓南,2007.考虑主应力方向变化的原状黏土强度及超静孔压特性研究[J].岩土工程学报,29(6):843-847.

[557]沈扬,周建,张金良,张泉芳,龚晓南,2007.新型空心圆柱仪的研制与应用[J].浙江大学学报(工学版),41(9):1450-1456.

[558]孙林娜,龚晓南,2007.按沉降控制的复合地基优化设计[J].地基处理,18(1):3-8.

[559] 孙林娜,龚晓南,2007.考虑桩长与端阻效应影响的复合地基模量计算[C]//《中国土木工程学会第十届土力学及岩土工程学术会议论文集》编委会.中国土木工程学会第十届土力学及岩土工程学术会议论文集(下).重庆:重庆大学出版社:135-139.

[560] 孙林娜,龚晓南,张菁莉,2007.散体材料桩复合地基桩土应力应变关系研究[J].科技通报,23(1):97-101.

[561] 王志达,龚晓南,蔡智军,2007.浅埋暗挖隧道开挖进尺的计算方法探讨[J].岩土力学,28(S1):497-500.

[562] 王志达,龚晓南,王士川,2007.基于荷载传递法的单桩荷载-沉降计算[C]//中国土木工程学会.第八届桩基工程学术年会论文汇编:137-141.

[563] 俞建霖,龚晓南,江璞,2007.柔性基础下刚性桩复合地基的工作性状[J].中国公路学报,20(4):1-6.

[564] 俞建霖,张文龙,龚晓南,罗春波,2007.复合土钉支护极限高度确定的有限元方法[C]//《中国土木工程学会第十届土力学及岩土工程学术会议论文集》编委会.中国土木工程学会第十届土力学及岩土工程学术会议论文集(下).重庆:重庆大学出版社:358-361.

[565] 俞建霖,朱普遍,刘红岩,龚晓南,2007.基础刚度对刚性桩复合地基性状的影响分析[J].岩土力学,28(S1):833-838.

[566] 张旭辉,龚晓南,2007.复合土钉支护边坡稳定影响因素的敏感性研究[C]//《中国土木工程学会第十届土力学及岩土工程学术会议论文集》编委会.中国土木工程学会第十届土力学及岩土工程学术会议论文集(下).重庆:重庆大学出版社:354-357.

[567] 张瑛颖,龚晓南,2007.基坑降水过程中回灌的数值模拟[J].水利水电技术,38(4):48-50.

[568] 郑刚,叶阳升,刘松玉,龚晓南,2007.地基处理[C]//《中国土木工程学会第十届土力学及岩土工程学术会议论文集》编委会.中国土木工程学会第十届土力学及岩土工程学术会议论文集(上).重庆:重庆大学出版社:32-51.

[569] 朱磊,龚晓南,2007.土钉支护内部稳定性的参数敏感性分析[J].科技通报,23(3):396-399.

[570] Gong X N, Shi H Y, 2007. Development of ground improvement technique in

china［C］//New Frontiers in Chinese and Japanese Geotechniques. Beijing：China Communications Press.

［571］Lou Z Y, Zhu X R, Gong X N, 2007. Expansion of spherical cavity of strain-softening materials with different elastic moduli of tension and compression［J］. Journal of Zhejiang University-Science A, 8（9）：1380-1387.

［572］Shen Y, Zhou J, Gong X N, 2007. Possible stress path of HCA for cyclic principal stress rotation under constant confining pressures［J］. International Journal of Geomechanics, 7（6）：423-430.

［573］Shen Y, Zhou J, Gong X N, Liu H L, 2008. Intact soft clay's critical response to dynamic stress paths on different combinations of principal stress orientation［J］. Journal of Central South University of Technology,15（S2）：147-154.

［574］陈昌富,周志军,龚晓南,2008.带褥垫层桩体复合地基沉降计算改进弹塑性分析法［J］.岩土工程学报,30（8）:1171-1177.

［575］陈昌富,朱剑锋,龚晓南,2008.基于响应面法和 Morgenstern-Price 法土坡可靠度计算方法［J］.工程力学,25（10）:166-172.

［576］陈敬虞,龚晓南,邓亚虹,2008.基于内变量理论的岩土材料本构关系研究［J］.浙江大学学报（理学版）,35（3）:355-360.

［577］董邑宁,张青娥,徐日庆,龚晓南,2008.固化剂对软土强度影响的试验研究［J］.岩土力学,29（2）:475-478.

［578］葛忻声,白晓红,龚晓南,2008.高层建筑复合桩基中单桩的承载性状分析［J］.工程力学,25（A1）:99-101.

［579］龚晓南,2008.案例分析［J］.地基处理,19（1）:57.

［580］龚晓南,2008.从某勘测报告不固结不排水试验成果引起的思考［J］.地基处理,19（2）:44-45.

［581］龚晓南,2008.关于筒桩竖向承载力受力分析图［J］.地基处理,19（3）:89-90.

［582］金小荣,俞建霖,龚晓南,2008.真空预压的环境效应及其防治方法的试验研究［J］.岩土力学,29（4）:1093-1096.

［583］连峰,龚晓南,罗勇,刘吉福,2008.桩-网复合地基桩土应力比试验研究［J］.科技通报,24（5）:690-695.

［584］连峰,龚晓南,赵有明,顾问天,刘吉福,2008.桩-网复合地基加固机理现场试验研究［J］.中国铁道科学,29（3）:7-12.

[585] 鹿群,龚晓南,崔武文,王建良,2008.饱和成层地基中静压单桩挤土效应的有限元模拟[J].岩土力学,29(11):3017-3020.

[586] 罗嗣海,龚晓南,2008.无黏性土强夯加固效果定量估算的拟静力分析法[J].岩土工程学报,30(4):480-486.

[587] 罗勇,龚晓南,连峰,2008.三维离散颗粒单元模拟无黏性土的工程力学性质[J].岩土工程学报,30(2):292-297.

[588] 罗战友,龚晓南,朱向荣,2008.考虑施工顺序及遮栏效应的静压群桩挤土位移场研究[J].岩土工程学报,30(6):824-829.

[589] 罗战友,夏建中,龚晓南,2008.不同拉压模量及软化特性材料的柱形孔扩张问题的统一解[J].工程力学,25(9):79-84.

[590] 罗战友,夏建中,龚晓南,朱向荣,2008.压桩过程中静压桩挤土位移的动态模拟和实测对比研究[J].岩石力学与工程学报,27(8):1709-1714.

[591] 沈扬,周建,龚晓南,2008.采用亨开尔公式分析主应力方向变化条件下原状软黏土孔压特征研究[C]//中国土木工程学会土力学及岩土工程分会土工测试专业委员会.土工测试新技术:第25届全国土工测试学术研讨会论文集.杭州:浙江大学出版社.

[592] 沈扬,周建,龚晓南,刘汉龙,2008.主应力轴循环旋转对超固结黏土性状影响试验研究[J].岩土工程学报,30(10):1514-1519.

[593] 沈扬,周建,张金良,龚晓南,2008.低剪应力水平主应力轴循环旋转对原状黏土性状影响研究[J].岩石力学与工程学报,27(S1):3033-3039.

[594] 沈扬,周建,张金良,龚晓南,2008.主应力轴循环旋转下原状软黏土临界性状研究[J].浙江大学学报(工学版),42(1):77-82.

[595] 孙林娜,龚晓南,2008.散体材料桩复合地基沉降计算方法的研究[J].岩土力学,29(3):846-848.

[596] 王志达,龚晓南,王士川,2008.单桩荷载-沉降计算的一种方法[J].科技通报,24(2):213-218.

[597] 夏建中,罗战友,龚晓南,2008.钱塘江边基坑的降水设计与监测[J].岩土力学,29(S1):655-658.

[598] 夏建中,罗战友,龚晓南,2008.基坑内土体加固对地表沉降的影响分析[J].岩土工程学报30(S1):212-215.

[599] 张文龙,俞建霖,龚晓南,2008.关于土钉支护极限高度的探讨[C]//第五

届全国基坑工程学术讨论会,天津.

[600] 陈敬虞,龚晓南,邓亚虹,2009.软黏土层一维有限应变固结的超静孔压消散研究[J].岩土力学,30(1):191-195.

[601] 丁洲祥,朱合华,谢永利,龚晓南,蒋明镜,2009.基于非保守体力的大变形固结有限元法[J].力学学报,41(1):91-97.

[602] 龚晓南,2009.薄壁取土器推广使用中遇到的问题[J].地基处理,20(2):61-62.

[603] 龚晓南,2009.基坑放坡开挖过程中如何控制地下水[J].地基处理,20(3):61.

[604] 龚晓南,2009.某工程案例引起的思考——应重视工后沉降分析[J].地基处理,20(4):61.

[605] 郭彪,龚晓南,卢萌盟,李瑛,2009.考虑涂抹作用的未打穿砂井地基固结理论分析[J].岩石力学与工程学报,28(12):2561-2568.

[606] 李瑛,龚晓南,焦丹,刘振,2009.软黏土二维电渗固结性状的试验研究[J].岩石力学与工程学报,28(A2):4034-4039.

[607] 连峰,龚晓南,崔诗才,刘吉福,2009.桩-网复合地基承载性状现场试验研究[J].岩土力学,30(4):1057-1062.

[608] 连峰,龚晓南,徐杰,吴瑞潜,李阳,2009.爆夯动力固结法加固软基试验研究[J].岩土力学,30(3):859-864.

[609] 罗战友,龚晓南,夏建中,朱向荣,2009.预钻孔措施对静压桩挤土效应的影响分析[J].岩土工程学报,31(6):846-850.

[610] 吕文志,俞建霖,刘超,龚晓南,荆子菁,2009.柔性基础复合地基的荷载传递规律[J].中国公路学报,22(6):1-9.

[611] 吕文志,俞建霖,郑伟,龚晓南,荆子菁,2009.基于上、下部共同作用的柔性基础下复合地基解析解的研究[J].工业建筑,39(4):77-83.

[612] 吕秀杰,龚晓南,2009.真空堆载联合预压处理桥头软基桩体变形控制研究[J].工程勘察,37(4):26-31.

[613] 沈扬,周建,龚晓南,刘汉龙,2009.考虑主应力方向变化的原状软黏土应力应变性状试验研究[J].岩土力学,30(12):3720-3726.

[614] 史海莹,龚晓南,2009.深基坑悬臂双排桩支护的受力性状研究[J].工业建筑,39(10):67-71.

［615］汪明元,龚晓南,包承纲,施戈亮,2009.土工格栅与压实膨胀土界面的拉拔性状[J].工程力学,26(11):145-151.

［616］汪明元,于嫣华,包承纲,龚晓南,2009.土工格栅加筋压实膨胀土的强度与变形特性[J].武汉理工大学学报,31(11):88-92.

［617］汪明元,于嫣华,龚晓南,2009.含水量对加筋膨胀土强度与变形特性的影响[J].中山大学学报(自然科学版),48(6):138-142.

［618］王志达,龚晓南,2009.城市人行地道分部开挖长度大小及其影响[J].科技通报,25(6):820-825.

［619］张杰,龚晓南,丁晓勇,高峻,2009.杭州城区古河道承压含水层特性研究[J].科技通报,25(5):643-648.

［620］Luo Z Y, Xia J Z, Gong X N, 2010. Numerical simulation study on use of groove in controlling compacting effects of jacked pile[C]// Proceedings of the 2010 GeoShanghai International Conference:246-251.

［621］Yu J L, Gong X N, Liu C, Lv W Z, Jing Z J, 2009. Working behavior of composite ground under flexible foundations based on super-substructure interaction[C]//US-China Workshop on Ground Improvement Technologies, Orlando.

［622］龚晓南,2010.从应力说起[J].地基处理,21(1):61-62.

［623］龚晓南,2010.调查中53位同行专家对岩土工程数值分析发展的建议[J].地基处理,21(4):69-76.

［624］龚晓南,朱奎,钱力航,宋振,2010.《刚-柔性桩复合地基技术规程》JGJ/T 210—2010编制与说明[J].施工技术,39(9):121-124.

［625］郭彪,龚晓南,卢萌盟,李瑛,2010.土体水平渗透系数变化的多层砂井地基固结性状分析[J].工业建筑,40(4):88-95.

［626］郭彪,韩颖,龚晓南,卢萌盟,2010.考虑横竖向渗流的砂井地基非线性固结分析[J].深圳大学学报(理工版),27(4):459-463.

［627］李瑛,龚晓南,2010.电渗法加固软基的现状及其展望[J].地基处理,21(2):3-11.

［628］李瑛,龚晓南,郭彪,2010.电渗电极参数优化研究[J].工业建筑,40(2):92-96.

［629］李瑛,龚晓南,郭彪,周志刚,2010.电渗软黏土电导率特性及其导电机制研

究[J].岩石力学与工程学报,29(A2):4027-4032.

[630] 李瑛,龚晓南,卢萌盟,郭彪,2010.堆载-电渗联合作用下的耦合固结理论[J].岩土工程学报,32(1):77-81.

[631] 吕文志,俞建霖,龚晓南,2010.柔性基础下复合地基试验研究综述[J].公路交通科技,27(1):1-5.

[632] 吕文志,俞建霖,龚晓南,2010.柔性基础下桩体复合地基的解析法[J].岩石力学与工程学报,29(2):401-408.

[633] 王术江,连峰,龚晓南,孙宁,刘传波,2010.超前工字钢桩在基坑围护中的应用[J].岩土工程学报,32(S1):335-337.

[634] 王志达,龚晓南,2010.浅埋暗挖人行地道开挖进尺的计算方法[J].岩土力学,31(8):2637-2642.

[635] 魏永幸,薛新华,龚晓南,2010.柔性路堤荷载作用下的地基承载力研究[J].铁道工程学报,27(2):22-26.

[636] 杨迎晓,龚晓南,金兴平,2010.钱塘江冲海积粉土物理力学特性探讨[C]//浙江省第七届岩土力学与工程学术讨论会,绍兴.

[637] 杨迎晓,龚晓南,金兴平,周春平,范川,2010.钱塘江河口相冲海积粉土层渗透稳定性探讨[C]//第十届全国岩土力学数值分析与解析方法研讨会,温州.

[638] 俞建霖,荆子菁,龚晓南,刘超,吕文志,2010.基于上下部共同作用的柔性基础下复合地基性状研究[J].岩土工程学报,32(5):657-663.

[639] 俞建霖,郑伟,龚晓南,2010.考虑上下部共同作用的柔性基础下复合地基性状解析法研究[C]//浙江省第七届岩土力学与工程学术讨论会,绍兴.

[640] 张磊,孙树林,龚晓南,张杰,2010.循环荷载下双曲线模型修正土体一维固结解[J].岩土力学,31(2):455-460.

[641] 张雪婵,张杰,龚晓南,尹序源,2010.典型城市承压含水层区域性特性[J].浙江大学学报(工学版),44(10):1998-2004.

[642] 周爱其,龚晓南,刘恒新,张宏建,2010.内撑式排桩支护结构的设计优化研究[J].岩土力学,31(S1):245-254.

[643] 龚晓南,2011.承载力问题与稳定问题[J].地基处理,22(2):53.

[644] 龚晓南,2011.对岩土工程数值分析的几点思考[J].岩土力学,32(2):321-325.

［645］龚晓南，2011.软黏土地基土体抗剪强度若干问题［J］.岩土工程学报，33(10):1596-1600.

［646］龚晓南，焦丹，2011.间歇通电下软黏土电渗固结性状试验分析［J］.中南大学学报(自然科学版)，42(6):1725-1730.

［647］龚晓南，焦丹，李瑛，2011.粘性土的电阻计算模型［J］.沈阳工业大学学报，33(2):213-218.

［648］龚晓南，张杰，2011.承压水降压引起的上覆土层沉降分析［J］.岩土工程学报，33(1):145-149.

［649］焦丹，龚晓南，李瑛，2011.电渗法加固软土地基试验研究［J］.岩石力学与工程学报，30(S1):3208-3216.

［650］李瑛，龚晓南，2011.含盐量对软黏土电渗排水影响的试验研究［J］.岩土工程学报，33(8):1254-1259.

［651］李瑛，龚晓南，2011.软黏土地基电渗加固的设计方法研究［J］.岩土工程学报，33(6):955-959.

［652］李瑛，龚晓南，张雪婵，2011.电压对一维电渗排水影响的试验研究［J］.岩土力学，32(3):709-714.

［653］李征，龚晓南，周建，2011.一种新型大直径现浇混凝土空心桩(筒桩)成桩工艺及设备简介［J］.地基处理，22(2):10-15.

［654］罗勇，龚晓南，2011.节理发育反倾边坡破坏机理分析及模拟［J］.辽宁工程技术大学学报(自然科学版)，30(1):60-63.

［655］吕文志，俞建霖，龚晓南，2011.柔性基础下复合地基理论在某事故处理中的应用［J］.中南大学学报(自然科学版)，42(3):772-779.

［656］史海莹，龚晓南，俞建霖，连峰，2011.基于 Hewlett 理论的支护桩桩间距计算方法研究［J］.岩土力学，32(S1):351-355.

［657］杨迎晓，龚晓南，范川，金兴平，陈华，2011.钱塘江冲海积非饱和粉土剪胀性三轴试验研究［J］.岩土力学，32(S1):38-42.

［658］俞建霖，何萌，张文龙，龚晓南，应建新，2011.土钉墙支护极限高度的有限元分析与拟合［J］.中南大学学报(自然科学版)，42(5):1447-1453.

［659］俞建霖，李坚卿，吕文志，龚晓南，2011.柔性基础下复合地基工作性状的正交法分析［J］.中南大学学报(自然科学版)，42(11):3478-3485.

［660］张磊，龚晓南，俞建霖，2011.基于地基反力法的水平荷载单桩半解析解

［J］.四川大学学报（工程科学版）,43（1）:37-42.

［661］张磊,龚晓南,俞建霖,2011.考虑土体屈服的纵横荷载单桩变形内力分析［J］.岩土力学,32（8）:2441-2445.

［662］张磊,龚晓南,俞建霖,2011.水平荷载单桩计算的非线性地基反力法研究［J］.岩土工程学报,33（2）:309-314.

［663］张磊,龚晓南,俞建霖,2011.纵横荷载下单桩地基反力法的半解析解［J］.哈尔滨工业大学学报,43（6）:96-100.

［664］张雪婵,龚晓南,尹序源,赵玉勃,2011.杭州庆春路过江隧道江南工作井监测分析［J］.岩土力学,32（S1）:488-494.

［665］Gan T, Wang W J, Gong X N, 2011. Affect of mechanical properties changes of injecting cement paste on ground settlement with shield driven method［C］// IEEE Computer Society. International Conference on Multimedia Technology: 958-962.

［666］Peng Y F, Yu J L, Gong X N, Wen Z L, 2011. Practical method for the pile composite ground under flexible foundation based on super-substructure interaction［J］. Advanced Materials Research, 250-253: 2575-2582.

［667］Qian T P, Gong X N, Li Y, 2011. Analysis of braced excavation with pit-in-pit based on orthogonal experiment［J］. Applied Mechanics and Materials, 71-78: 4549-4553

［668］Tian X J, Gong X N, Lu M M, Wang N, 2011. Consolidation analysis of composite ground with weak drainage columns in consideration of disturbance［J］. Applied Mechanics and Materials, 71-78: 186-192.

［669］Tian X J, Gong X N, Wang N, 2011. Consolidation analysis of composite ground with partially penetrated weak drainage columns considering disturbance［C］// IEEE Computer Society. International Conference on Multimedia Technology: 1016-1018.

［670］Zhang L, Gong X N, Yang Z X, Yu J L, 2011. Elastoplastic solutions for single piles under combined vertical and lateral loads［J］. Journal of Central South University of Technology, 18（1）: 216-222.

［671］Zhang X C, Gong X N, 2011. Observed performance of a deep multistrutted excavation in Hangzhou soft clays with high confined water［J］. Advanced

Materials Research，253（S1）：2276-2280.

［672］Zhou Z G，Gong X N，Li Y，2011. Internal force calculation and stability analysis of the slope reinforced by pre-stressed anchor cables and frame beams ［C］// IEEE Computer Society. Proceedings of International Conference on Consumer Electronics，Communications and Networks：3230-3234.

［673］Zhou Z G，Gong X N，Li Y，2011. Study on the interval of pre-stressed anchor cables and cantilever length of frame beams in reinforcing slopes［C］// IEEE Computer Society. Proceedings of International Conference on Consumer Electronics，Communications and Networks：2678-2682.

［674］郭彪，龚晓南，王建良，王勤生，李长宏，2012.绍兴县城区大型公共建筑基础型式合理选用研究［J］.浙江建筑，29（11）：13-17，27.

［675］郭彪，韩颖，龚晓南，卢萌盟，2012.随时间任意变化荷载下砂井地基固结分析［J］.中南大学学报（自然科学版），43（6）：2369-2377.

［676］黄磊，周建，龚晓南，2012. CFG 桩复合地基褥垫层的设计机理［J］.广东公路交通（3）：63-66，72.

［677］李瑛，龚晓南，2012.等电势梯度下电极间距对电渗影响的试验研究［J］.岩土力学，33（1）：89-95.

［678］杨迎晓，龚晓南，张雪婵，靳建明，张智卿，2012.钱塘江边冲海积粉土基坑性状研究［J］.岩土工程学报，34（S1）：750-755.

［679］喻军，鲁嘉，龚晓南，2012.考虑围护结构位移的非对称基坑土压力分析［J］.岩土工程学报，34（S1）：24-27.

［680］郑刚，龚晓南，谢永利，李广信，2012.地基处理技术发展综述［J］.土木工程学报，45（2）：127-146.

［681］朱磊，龚晓南，邢伟，2012.土钉支护基坑抗隆起稳定性计算方法研究［J］.岩土力学，33（1）：167-170，178.

［682］Gong X N，Zhang X C，2012. Excavation collapse of Hangzhou subway station in soft clay and numerical investigation based on orthogonal experiment method ［J］. Journal of Zhejiang University-Science A，13（10）：760-767.

［683］Li Y，Gong X N，Lu M M，Tao Y L，2012. Non-mechanical behaviors of soft clay in two-dimensional electro-osmotic consolidation ［J］. Journal of Rock Mechanics and Geotechnical Engineering，4（3）：282-288.

［684］Zhou J, Yan J J, Cao Y, Gong X N, 2012. Intact soft clay responses to cyclic principal stress rotation in undrained condition［C］//Proceedings of the 2nd International Conference on Transportation Geotechnics. Balkema：Taylor and Francis：649-654.

［685］安春秀,黄磊,黄达余,龚晓南,2013.强夯处理碎石回填土地基相关性试验研究［J］.岩土力学,34(S1):273-278.

［686］豆红强,韩同春,龚晓南,2013.筒桩桩承式加筋路堤工作机理分析［J］.岩土工程学报,35(S2):956-962.

［687］龚晓南,伍程杰,俞峰,房凯,杨森,2013.既有地下室增层开挖引起的桩基侧摩阻力损失分析［J］.岩土工程学报,35(11):1957-1964.

［688］郭彪,龚晓南,卢萌盟,张发春,房锐,2013.真空联合堆载预压下竖井地基固结解析解［J］.岩土工程学报,35(6):1045-1054.

［689］郭彪,龚晓南,王建良,王勤生,李长宏,俞跃平,2013.绍兴县城区多层建筑基础型式合理选用研究［J］.江苏建筑(1):80-85.

［690］郭彪,龚晓南,王建良,王勤生,李长宏,俞跃平,2013.绍兴县城区高层建筑基础形式的合理选用研究［J］.四川建筑,33(2):91-94,97.

［691］郭彪,龚晓南,王建良,王勤生,李长宏,俞跃平,2013.绍兴县工程地质特性［J］.浙江建筑,30(3):35-43.

［692］李一雯,周建,龚晓南,陈卓,陶燕丽,2013.电极布置形式对电渗效果影响的试验研究［J］.岩土力学,34(7):1972-1978.

［693］陶燕丽,周建,龚晓南,2013.铁、石墨、铜和铝电极的电渗对比试验研究［J］.岩石力学与工程学报,32(Z2):3355-3362.

［694］陶燕丽,周建,龚晓南,陈卓,李一雯,2013.铁和铜电极对电渗效果影响的对比试验研究［J］.岩土工程学报,35(2):388-394.

［695］严佳佳,周建,管林波,龚晓南,2013.杭州原状软黏土非共轴特性与其影响因素试验研究［J］.岩土工程学报,35(1):96-102.

［696］喻军,刘松玉,龚晓南,2013.基于拱顶沉降控制的卵砾石地层浅埋隧道施工优化［J］.中国工程科学,15(10):97-102.

［697］喻军,卢彭真,龚晓南,2013.两种不同建筑物的振动特性分析［J］.土木工程学报,46(S1):81-86.

［698］张磊,龚晓南,俞建霖,2013.大变形条件下单桩水平承载性状分析［J］.土

木建筑与环境工程,35(2):61-65.

[699] Sun Z J, Gong X N, Yu J L, Zhang J J, 2013. Analysis of the displacement of buried pipelines caused by adjacent surcharge loads[C]// Proceedings of the International Conference on Pipelines and Trenchless Technology.

[700] Zhou J J, Wang K H, Gong X N, Zhang R H, 2013. Bearing capacity and load transfer mechanism of a static drill rooted nodular pile in soft soil areas [J]. Journal of Zhejiang University-Science A,14(10): 705-719.

[701] Zhou J, Yan J J, Xu C J, Gong X N, 2013. Influence of intermediate principal stress on undrained behavior of intact clay under pure principal stress rotation [J]. Mathematical Problems in Engineering,14:1-10.

[702] 陈东霞,龚晓南,2014.非饱和残积土的土-水特征曲线试验及模拟[J].岩土力学,35(7):1885-1891.

[703] 陈鹏飞,龚晓南,刘念武,2014.止水帷幕的挡土作用对深基坑变形的影响[J].岩土工程学报,36(S2):254-258.

[704] 狄圣杰,龚晓南,李晓敏,蒋建平,麻鹏远,2014.软黏土地基桩土相互作用p-y曲线法参数敏感性分析[J].水力发电,40(12):23-25.

[705] 龚晓南,王继成,伍程杰,2014.深基坑开挖卸荷对既有桩基侧摩阻力影响分析[J].湖南大学学报(自然科学版),41(6):70-76.

[706] 连峰,刘治,付军,巩宪超,李乾龙,龚晓南,2014.双排桩支护工程实例分析[J].岩土工程学报,36(S1):127-131.

[707] 刘念武,龚晓南,楼春晖,2014.软土地基中地下连续墙用作基坑围护的变形特性分析[J].岩石力学与工程学报,33(S1):2707-2712.

[708] 刘念武,龚晓南,楼春晖,2014.软土地区基坑开挖对周边设施的变形特性影响[J].浙江大学学报(工学版),48(7):1141-1147.

[709] 刘念武,龚晓南,陶艳丽,楼春晖,2014.软土地区嵌岩连续墙与非嵌岩连续墙支护性状对比分析[J].岩石力学与工程学报,33(1):164-171.

[710] 刘念武,龚晓南,俞峰,房凯,2014.内支撑结构基坑的空间效应及影响因素分析[J].岩土力学,35(8):2293-2298,2306.

[711] 刘念武,龚晓南,俞峰,汤恒思,2014.软土地区基坑开挖引起的浅基础建筑沉降分析[J].岩土工程学报,36(S2):325-329.

[712] 罗战友,夏建中,龚晓南,刘薇,2014.考虑孔压消散的静压单桩挤土位移场

研究[J].岩石力学与工程学报,33(S1):2765-2772.

[713] 陶燕丽,周建,龚晓南,2014.电极材料对电渗过程作用机理的试验研究[J].浙江大学学报(工学版),48(9):1618-1623.

[714] 陶燕丽,周建,龚晓南,陈卓,2014.间歇通电模式影响电渗效果的试验[J].哈尔滨工业大学学报,46(8):78-83.

[715] 王继成,龚晓南,田效军,2014.考虑土应力历史的土压力计测量修正[J].湖南大学学报(自然科学版),41(11):96-102.

[716] 王继成,俞建霖,龚晓南,马世国,2014.大降雨条件下气压力对边坡稳定的影响研究[J].岩土力学,35(11):3157-3162.

[717] 伍程杰,龚晓南,房凯,俞峰,张乾青,2014.增层开挖对既有建筑物桩基承载刚度影响分析[J].岩石力学与工程学报,33(8):1526-1535.

[718] 伍程杰,龚晓南,俞峰,楼春晖,刘念武,2014.既有高层建筑地下增层开挖桩端阻力损失[J].浙江大学学报(工学版),48(4):671-678.

[719] 伍程杰,俞峰,龚晓南,林存刚,梁荣柱,2014.开挖卸荷对既有群桩竖向承载性状的影响分析[J].岩土力学,35(9):2602-2608.

[720] 严佳佳,周建,龚晓南,郑鸿镔,2014.主应力轴纯旋转条件下原状黏土变形特性研究[J].岩土工程学报,36(3):474-481.

[721] 严佳佳,周建,龚晓南,曹洋;刘正义,2014.主应力轴循环旋转条件下重塑黏土变形特性试验研究[J].土木工程学报,47(8):120-127.

[722] 严佳佳,周建,刘正义,龚晓南,2014.主应力轴纯旋转条件下黏土弹塑性变形特性[J].岩石力学与工程学报,33(S2):4350-4358.

[723] 叶启军,喻军,龚晓南,2014.荷载作用下橡胶混凝土抗氯离子渗透规律研究[J].材料导报,28(S2):327-330.

[724] 喻军,龚晓南,2014.考虑顶管施工过程的地面沉降控制数值分析[J].岩石力学与工程学报,33(S1):2605-2610.

[725] 喻军,龚晓南,李元海,2014.基于海量数据的深基坑本体变形特征研究[J].岩土工程学报,36(S2):319-324.

[726] 喻军,姜天鹤,龚晓南,2014.支腿式地下连续墙受力特性研究[J].施工技术,43(1):41-44.

[727] 张旭辉,吴欣,俞建霖,何萌,龚晓南,2014.浆囊袋压力型土钉新技术及工作机理研究[J].岩土工程学报,36(S2):227-232.

［728］周佳锦,龚晓南,王奎华,张日红,2014.静钻根植竹节桩抗压承载性能［J］.浙江大学学报(工学版),48(5):835-842.

［729］周佳锦,龚晓南,王奎华,张日红,严天龙,2014.静钻根植竹节桩在软土地基中的应用及其承载力计算［J］.岩石力学与工程学报,33(S2):4359-4366.

［730］周佳锦,王奎华,龚晓南,张日红,严天龙,许远荣,2014.静钻根植竹节桩承载力及荷载传递机制研究［J］.岩土力学,35(5):1367-1376.

［731］Dou H Q, Han T C, Gong X N, Zhang J, 2014. Probabilistic slope stability analysis considering the variability of hydraulic conductivity under rainfall infiltration-redistribution conditions［J］. Engineering Geology, 183:1-13.

［732］Han T C, Dou H Q, Gong X N, Zhang J, Ma S J, 2014. A rainwater redistribution model to evaluate two-layered slope stability after a rainfall event［J］. Environmental & Engineering Geoscience, 20(2):163-176.

［733］Zhou J, Yan J J, Liu Z Y, Gong X N, 2014. Undrained anisotropy and non-coaxial behavior of clayey soil under principal stress rotation［J］. Journal of Zhejiang University-Science A, 15(4):241-254.

［734］Tao Y L, Zhou J, Gong X N, Chen Z, Hu P C, 2014. Influence of polarity reversal and current intermittence on electro-osmosis［C］// GeoShanghai International Conference. Reston:ASCE:198-208.

［735］Wang J C, Gong X N, Ma S J, 2014. Effects of pore-water pressure distribution on slope stability under rainfall infiltration［J］. Electronic Journal of Geotechnical Engineering, 19:1677-1685.

［736］Wang J C, Gong X N, Ma S J, 2014. Modification of green-ampt infiltration model considering entrapped air pressure［J］. Electronic Journal of Geotechnical Engineering, 19:1801-1811.

［737］Yu J L, Zhang L, Gong X N, 2014. Elastic solutions for partially embedded single piles subjected to simultaneous axial and lateral loading［J］. Journal of Central South University, 21(11):4330-4337.

［738］陈东霞,龚晓南,马亢,2015.厦门地区非饱和残积土的强度随含水量变化规律［J］.岩石力学与工程学报,34(S1):3484-3490.

［739］崔新壮,龚晓南,李术才,汤濉泽,张炯,2015.盐水环境下水泥土桩劣化效应及其对道路复合地基沉降的影响［J］.中国公路学报,28(5):66-76.

[740] 豆红强,韩同春,龚晓南,2015.降雨条件下考虑裂隙土孔隙双峰特性对非饱和土边坡渗流场的影响[J].岩石力学与工程学报,34(S2):4373-4379.

[741] 龚晓南,2015.地基处理技术及发展展望——纪念中国土木工程学会岩土工程分会地基处理学术委员会成立三十周年(1984—2014)(上、下册)[J].岩土力学,36(S2):701.

[742] 龚晓南,孙中菊,俞建霖,2015.地面超载引起邻近埋地管道的位移分析[J].岩土力学,36(2):305-310.

[743] 刘念武,龚晓南,俞峰,2015.大直径钻孔灌注桩的竖向承载性能[J].浙江大学学报(工学版),49(4):763-768.

[744] 俞建霖,张甲林,李坚卿,龚晓南,2015.地表硬壳层对柔性基础下复合地基受力特性的影响分析[J].中南大学学报(自然科学版),46(4):1504-1510.

[745] 周佳锦,龚晓南,王奎华,张日红,严天龙,2015.静钻根植竹节桩荷载传递机理模型试验[J].浙江大学学报(工学版),49(3):531-537.

[746] 周佳锦,龚晓南,王奎华,张日红,2015.静钻根植竹节桩抗拔承载性能试验研究[J].岩土工程学报,37(3):570-576.

[747] 周佳锦,龚晓南,王奎华,张日红,许远荣,2015.静钻根植竹节桩桩端承载性能数值模拟研究[J].岩土力学,36(S1):651-656.

[748] 周佳锦,王奎华,龚晓南,张日红,严天龙,2015.静钻根植抗拔桩承载性能数值模拟[J].浙江大学学报(工学版),49(11):2135-2141.

[749] Dou H Q, Han T C, Gong X N, Qiu Z Y, Li Z N, 2015. Effects of the spatial variability of permeability on rainfall-induced landslides [J]. Engineering Geology, 192: 92-100.

[750] Gong X N, Sun Z J, Yu J J, 2015. Analysis of displacement of adjacent buried pipeline caused by ground surcharge[J]. Rock and Soil Mechanics, 36(2): 305-310.

[751] Gong X N, Tian X J, Hu W T, 2015. Simplified method for predicating consolidation settlement of soft ground improved by floating soil-cement column [J]. Journal of Central South University, 22(7): 2699-2706.

[752] Tian X J, Hu Wen T, Gong X N, 2015. Longitudinal dynamic response of pile foundation in a nonuniform initial strain field [J]. KSCE Journal of Civil Engineering, 19(6): 1656-1666.

［753］Wang J C, Yu J L, Ma S G, Gong X N, 2015. Relationship between cell-indicated earth pressures and field earth pressures in backfills［J］. European Journal of Environmental and Civil Engineering, 19(7): 773-788.

［754］Yan J J, Zhou J, Gong X N, Cao Y, 2015. Undrained response of reconstituted clay to cyclic pure principal stress rotation［J］. Journal of Central South University, 22(1): 280-289.

［755］Zhou J J, Gong X N, Wang K H, Zhang R H, 2015. A field study on the behavior of static drill rooted nodular piles with caps under compression［J］. Journal of Zhejiang University-Science A, 16(12): 951-963.

［756］Zhou J, Tao Y L, Xu C J, Gong X N, Hu P C, 2015. Electro-osmotic strengthening of silts based on selected electrode materials［J］. Soils and Foundations, 55(5): 1171-1180.

［757］豆红强,韩同春,龚晓南,李智宁,邱子义,2016.降雨条件下考虑饱和渗透系数变异性的边坡可靠度分析[J].岩土力学,37(4):1144-1152.

［758］郭彪,龚晓南,李亚军,2016.考虑加载过程及桩体固结变形的碎石桩复合地基固结解析解[J].工程地质学报,24(3):409-417.

［759］刘念武,龚晓南,俞峰,张乾青,2016.大直径扩底嵌岩桩竖向承载性能[J].中南大学学报(自然科学版),47(2):541-547.

［760］杨迎晓,龚晓南,周春平,金兴平,2016.钱塘江冲海积粉土渗透破坏试验研究[J].岩土力学,37(S2):243-249.

［761］应宏伟,朱成伟,龚晓南,2016.考虑注浆圈作用水下隧道渗流场解析解[J].浙江大学学报(工学版),50(6):1018-1023.

［762］周佳锦,王奎华,龚晓南,张日红,严天龙,2016.静钻根植竹节桩桩端承载性能试验研究[J].岩土力学,37(9):2603-2609.

［763］Cui X Z, Zhang J, Huang D, Gong X N, 2016. Measurement of permeability and the correlation between permeability and strength of pervious concrete［C］// Advances of Transportation: Infrastructure and Materials, Vol 1st International Conference on Transportation Infrastructure and Materials. Lancaster: Destech Publications, Inc: 885-892.

［764］Tao Y L, Zhou J, Gong X N, Hu P C, 2016. Electro-osmotic dehydration of

Hangzhou sludge with selected electrode arrangements[J]. Drying Technology, 34(1): 66-75.

[765] Wang J C, Yu J J, Ma S G, Gong X N, 2016. Hammer's impact force on pile and pile's penetration[J]. Marine Georesources & Geotechnology, 34(5): 409-419.

[766] Yang Y X, Gong X N, Zhou C P, 2016. Experimental study of seepage failure of Qiantang River alluvial silts[J]. Rock and Soil Mechanics, 37(S2): 243-249.

[767] Zhou J J, Gong X N, Wang K H, Zhang R H, Yan T L, 2016. A model test on the behavior of a static drill rooted nodular pile under compression[J]. Marine Georesources & Geotechnology, 34(3): 293-301.

[768] Zhou J J, Gong X N, Wang K H, Zhang R H, Yan T L, 2016. Field test on the influence of the cemented soil around the pile on the lateral bearing capacity of pile foundation[C]// Proceedings of the 3rd Annual Congress on Advanced Engineering and Technology: 79-86.

[769] Zhou J J, Wang K H, Gong X N, 2016. A test on base bearing capacity of static drill rooted nodular pile[J]. Rock and Soil Mechanics, 37(9): 2603-2609.

[770] 郭彪,龚晓南,李亚军,2017.考虑桩体径向竖向渗流的碎石桩复合地基固结解析解[J].岩土工程学报,39(8):1485-1492.

[771] 刘吉福,郑刚,龚晓南,谢永利,陈昌富,2017.柔性荷载刚性桩复合地基修正密度法稳定分析改进[J].岩土工程学报,39(S2):33-36.

[772] 王良良,胡立锋,陈鹏飞,龚晓南,2017.软黏土基坑开挖对坑内工程桩的影响分析[J].浙江建筑,34(1):26-30.

[773] 吴弘宇,董梅,韩同春,徐日庆,龚晓南,2017.城市地下空间开发新型材料的现状与发展趋势[J].中国工程科学,19(6):116-123.

[774] 俞建霖,李俊圆,王传伟,张甲林,龚晓南,陈昌富,宋二祥,2017.考虑桩体破坏模式差异的路堤下刚性桩复合地基稳定分析方法研究[J].岩土工程学报,39(S2):37-40.

[775] 俞建霖,龙岩,夏霄,龚晓南,2017.狭长型基坑工程坑底抗隆起稳定性分析[J].浙江大学学报(工学版),51(11):2165-2174.

[776] 俞建霖,王传伟,谢逸敏,张甲林,龚晓南,2017.考虑桩体损伤的柔性基础下刚性桩复合地基中桩体受力及破坏特征分析[J].中南大学学报(自然科学版),48(9):2432-2440.

[777] 张磊,龚晓南,2017.不同桩头约束下微倾单桩纵横向受荷响应计算的三参数法[J].土木建筑与环境工程,39(5):23-30.

[778] 张磊,龚晓南,李瑞娥,焦丹,2017.纵向和横向荷载下微倾单桩变形和内力的弹塑性解[J].中南大学学报(自然科学版),48(7):1901-1907.

[779] 周佳锦,龚晓南,王奎华,张日红,王孟波,2017.层状地基中静钻根植竹节桩单桩沉降计算[J].岩土力学,38(1):109-116.

[780] 朱成伟,应宏伟,龚晓南,2017.任意埋深水下隧道渗流场解析解[J].岩土工程学报,39(11):1984-1991.

[781] 朱亦弘,徐日庆,龚晓南,2017.城市明挖地下工程开发环境效应研究现状及趋势[J].中国工程科学,19(6):111-115.

[782] Ye S H, Gong X N, 2017. Pile foundation test experimental program of Lanzhou new city science and technology innovation [C]// International Conference on Mechanics and Architectural Design (MAD). Singapore:World Scientific Publ Co Pte Ltd:169-174.

[783] Ye S H, Gong X N, 2017. Static load test of a project CFG pile composite foundation[C]// International Conference on Mechanics and Architectural Design (MAD). Singapore:World Scientific Publ Co Pte Ltd:175-180.

[784] Zhou J J, Gong X N, Wang K H, Zhang R H, Yan J J, 2017. Testing and modeling the behavior of pre-bored grouting planted piles under compression and tension[J]. Acta Geotechnica, 12(5):1061-1075.

[785] Zhou J J, Gong X N, Wang K H, Zhang R H, Yan J J, 2017. A simplified nonlinear calculation method to describe the settlement of pre-bored grouting planted nodular piles[J]. Journal of Zhejiang University-Science A, 18(11):895-909.

[786] 蔡露,周建,应宏伟,龚晓南,2018.各向异性软土基坑抗隆起稳定分析[J].岩土工程学报,40(11):1968-1976.

[787] 陈昌富,李欣,龚晓南,俞建霖,2018.基于支持向量机沉降代理模型复合地基优化设计方法[J].铁道科学与工程学报,15(6):1424-1429.

[788] 龚晓南,解才,邵佳函,舒佳明,2018.静钻根植竹节桩抗压与抗拔承载特性分析[J].工程科学与技术,50(5):102-109.

[789] 龚晓南,解才,周佳锦,邵佳函,舒佳明,2018.静钻根植竹节桩抗压与抗拔对比研究[J].上海交通大学学报,52(11):1467-1474.

[790] 龚晓南,邵佳函,解才,舒佳明,2018.桩端扩大头尺寸对承载性能影响模型试验[J].湖南大学学报(自然科学版),45(11):102-109.

[791] 李姣阳,刘维,邹金杰,赵宇,龚晓南,2018.浅埋盾构隧道开挖面失稳大比尺模型试验研究[J].岩土工程学报,40(3):562-567.

[792] 刘吉福,郑刚,龚晓南,2018.附加应力法计算刚性桩复合地基路基沉降[J].岩土工程学报,40(11):1995-2002.

[793] 陶燕丽,龚晓南,周建,罗战友,祝行,2018.电渗作用下软土细观孔隙结构[J].土木建筑与环境工程,40(3):110-116.

[794] 陶燕丽,周建,龚晓南,祝行,2018.基于杭州软土的电渗迁移过程试验研究[J].中南大学学报(自然科学版),49(2):448-453.

[795] 叶帅华,丁盛环,龚晓南,高升,陈长流,2018.兰州某地铁车站深基坑监测与数值模拟分析[J].岩土工程学报,40(S1):177-182.

[796] 叶帅华,时轶磊,龚晓南,陈长流,2018.框架预应力锚杆加固多级高边坡地震响应数值分析[J].岩土工程学报,40(S1):153-158.

[797] 周佳锦,龚晓南,严天龙,张日红,2018.软土地区填砂竹节桩抗压承载性能研究[J].岩土力学,39(9):3425-3432.

[798] 朱剑锋,洪义,严佳佳,龚晓南,赵弘毅,2018.波浪循环荷载作用下盾构穿越海堤过程中下卧软土的弱化响应研究[J].土木工程学报,51(12):111-119,139.

[799] Chen X L, Gong X N, 2018. Analysis of soil disturbance caused by dot excavation in soft soil stratum [C]// Proceedings of GeoShanghai 2018 International Conference: Tunnelling and Underground Construction. Singapore: Springer-Verlag: 198-206.

[800] Dong M, Hu H, Xu R Q, Gong X N, 2018. A GIS-based quantitative geo-environmental evaluation for land-use development in an urban area: Shunyi New City, Beijing, China [J]. Bulletin of Engineering Geology and the Environment, 77(3): 1203-1215.

［801］Liu N W, Yu J T, Gong X N, Chen Y T, 2018. Analysis of soil movement around a loaded pile induced by deep excavation［C］// IOP Conference Series: Earth and Environmental Science, 189:032053.

［802］Wu H Y, Dong M, Gong X N, 2018. Application of multivariate data-based model in early warning of landslides［C］// Proceedings of China-Europe Conference on Geotechnical Engineering. Cham: Springer: 747-750.

［803］Ying H W, Zhu C W, Gong X N, 2018. Tide-induced hydraulic response in a semi-infinite seabed with a subaqueous drained tunnel［J］. Acta Geotechnica, 8(2): 149-157.

［804］Ying H W, Zhu C W, Shen H W, Gong X N, 2018. Semi-analytical solution for groundwater ingress into lined tunnel［J］. Tunnelling and Underground Space Technology,76:43-47.

［805］Zhang T J, Zhan F L, Zhou J, Li C Y, Gong X N, 2018. Numerical simulation on pore pressure in electro-osmosis combined with vacuum preloading［C］// Proceedings of China-Europe Conference on Geotechnical Engineering. Cham: Springer: 1763-1766.

［806］Zhou J J, Gong X N, Wang K H, Zhang R H, 2018. Shaft capacity of the pre-bored grouted planted pile in dense sand［J］. Acta Geotechnica, 8(10): 1227-1239.

［807］Zhou J J, Gong X N, Wang K H, Zhang R H, Xu G L, 2018. Effect of cemented soil properties on the behavior of pre-bored grouted planted nodular piles under compression［J］. Journal of Zhejiang University-Science A, 19(7): 534-543.

［808］Zhou J J, Gong X N, Zhang R H, 2018. Field tests on behavior of pre-bored grouted planted pile in soft soil area with existing pile foundation［C］// Proceedings of China-Europe Conference on Geotechnical Engineering. Cham: Springer: 1106-1110.

［809］Zhou J J, Gong X N, Yan T L, Zhang R H, 2018. Behavior of sand filled nodular piles under compression in soft soil areas［J］. Rock and Soil Mechanics,39(9):3425-3432.

［810］Zhu C W, Ying H W, Gong X N, Shen H W, Wang X, 2018. Analytical solutions for seepage field of underwater tunnel［C］// Proceedings of China-Europe Conference on Geotechnical Engineering. Cham：Springer：1244-1248.

［811］刘念武,俞济涛,龚晓南,朱祖华,杨云芳,2019.内支撑基坑变形空间效应特性研究［J］.科技通报,35(2):166-172

［812］周佳锦,张日红,黄晟,龚晓南,严天龙,许国林,2019.软土地区预应力竹节桩与管桩抗压承载性能研究［J］.天津大学学报(自然科学与工程技术版),52(S1):9-15.

［813］朱成伟,应宏伟,龚晓南,沈华伟,王霄,2019.水下双线平行隧道渗流场解析研究［J］.岩土工程学报,41(2):166-171.

［814］朱旻,龚晓南,高翔,刘世明,严佳佳,2019.基于流体体积法的劈裂注浆有限元分析［J］.岩土力学,40(11):4523-4532

［815］Guo P P, Gong X N, Wang Y X, 2019. Displacement and force analyses of braced structure of deep excavation considering unsymmetrical surcharge effect［J］. Computers and Geotechnics, 113(9): 103102.

［816］Liu N W, Chen Y T, Gong X N, Yu J T, 2019. Analysis of deformation characteristics of foundation pit of metro station and adjacent buildings induced by deep excavation in soft soil［J］. Rock and Soil Mechanics, 40(4): 1515-1525,1576.

［817］Lou C H, Xia T D, Liu N W, Gong X N, 2019. Investigation of three-dimensional deformation behavior due to long and large excavation in soft clays［J］. Advances in Civil Engineering, 2019: 4187417.

［818］Tao Y L, Zhou J J, Gong X N, Luo Z Y, 2019. Experimental study on the electrokinetic migration process of Hangzhou sludge［J］. Drying Technology (12):1-8.

［819］Ying H W, Zhu C W, Gong X N, Wang X, 2019. Analytical solutions for the steady-state seepage field in a finite seabed with a lined tunnel［J］. Marine Georesources & Geotechnology, 37(8): 972-978.

［820］Zhou J J, Gong X N, Zhang R H, 2019. Model tests comparing the behavior of pre-bored grouted planted piles and a wished-in-place concrete pile in dense sand［J］. Soils and Foundations, 59(1):84-96.

［821］Zhou J J, Gong X N, Zhang R H, 2019. Field behavior of pre-bored grouted planted nodular pile embedded in deep clayey soil[J]. Acta Geotechnica, 15: 1847-1857.

[822] Zhou J J, Yu J L, Gong X N, Zhang R H, Yan T L, 2019. Influence of soil reinforcement on the uplift bearing capacity of a pre-stressed high-strength concrete pile embedded in clayey soil [J]. Soils and Foundations, 59(6): 2367-2375.

[823] Zhou J, Tao Y L, Li C Y, Gong X N, 2019. Experimental study of electro-kinetic dewatering of silt based on the electro-osmotic coefficient [J]. Environmental Engineering Science, 36(6): 739-748.

[824] Zhou J, Xu J, Luo L H, Yu L G, Gong X N, 2019. Seepage test by HCA for remolded kaolin [C]// 7th International Symposium on Deformation Characteristics of Geomaterials, Glosgow.

[825] Zhu M, Gong X N, Gao X, 2019. Remediation of damaged shield tunnel using grouting technique: serviceability improvements and prevention of potential risks[J]. Journal of Performance of Constructed Facilities, 33(6): 04019062.

[826] 甘晓露,俞建霖,龚晓南,朱旻,程康,2020. 新建双线隧道下穿对既有盾构隧道影响研究[J]. 岩石力学与工程学报,39(S2):3586-3594.

[827] 甘晓露,俞建霖,龚晓南,朱旻,程康,侯永茂,2020. 考虑上浮效应的盾构下穿对既有隧道影响研究[J]. 土木工程学报,53(S1):87-92.

[828] 高翔,龚晓南,朱旻,黄晟,刘世明,严佳佳,2020. 盾构隧道注浆纠偏数值模拟研究[J]. 铁道科学与工程学报,17(6):1480-1490.

[829] 李洛宾,龚晓南,甘晓露,程康,侯永茂,2020. 基于循环神经网络的盾构隧道引发地面最大沉降预测[J]. 土木工程学报,53(S1):13-19.

[830] 王飞,张亮,龚晓南,戴斌,左祥闯,郇盼,2020. 潜孔冲击高压旋喷桩在基坑止水帷幕中的应用[J]. 施工技术,49(19):12-14,26.

[831] 俞建霖,徐山岱,杨晓萌,陈张鹏,龚晓南,2020. 刚性基础下砼芯水泥土桩复合地基沉降计算[J]. 中南大学学报(自然科学版),51(8):2111-2120.

[832] 朱旻,龚晓南,高翔,刘世明,严佳佳,2020. 盾构隧道注浆纠偏模型试验研究[J]. 铁道科学与工程学报,17(3):660-667.

[833] Gan X L, Yu J L, Gong X N, 2020. Characteristics and countermeasures of tunnel heave due to large-diameter shield tunneling underneath[J]. Journal of

Performance of Constructed Facilities, 34(1):04019081.

[834] Luo Z Y, Tao Y L, Gong X N, 2020. Soil compacting displacements for two jacked piles considering shielding effects[J]. Acta Geotechnica,15(8): 2367-2377.

[835] Zhang X D, Wang J C, Chen Q J, Lin Z J, Gong X N, Yang Z X, Xu R Q, 2020. Analytical method for segmental tunnel linings reinforced by secondary lining considering interfacial slippage and detachment[J]. International Journal of Geomechanics, 21(6): 04021085.

[836] Zhou J J, Gong X N, Zhang R H, Wang K H, Yan T L, 2020. Shaft capacity of pre-bored grouted planted nodular pile under various overburden pressures in dense sand[J]. Marine Georesources and Geotechnology, 38(1): 97-107.

[837] Zhou J J, Yu J L, Gong X N, Yan T L, 2020. Field tests on behavior of pre-bored grouted planted pile and bored pile embedded in deep soft clay[J]. Soils And Foundations, 60(2):551-561.

[838] 龚晓南,陈张鹏,2021.地基基础工程若干问题讨论[J].建筑结构, 51(17):1-4,49.

[839] 龚晓南,郭盼盼,2021.隧道及地下工程渗漏水诱发原因与防治对策[J].中国公路学报,34(7):1-30.

[840] 龚晓南,俞建霖,2021.可回收锚杆技术发展与展望[J].土木工程学报, 54(10):90-96.

[841] 郭盼盼,龚晓南,汪亦显,2021.考虑土与结构非线性接触特性的格形地下连续墙围护结构力学性状研究[J].岩土工程学报,43(7):1201-1209, 1374-1375.

[842] 黄晟,周佳锦,龚晓南,俞建霖,舒佳明,王孟波,2021.静钻根植桩抗压抗拔承载性能试验研究[J].湖南大学学报(自然科学版),48(1):30-36.

[843] 刘清瑶,张日红,周佳锦,龚晓南,黄晟,严天龙,2021.软土地区预应力竹节桩承载性能数值模拟研究[M]//高文生.桩基工程技术进展.北京:中国建筑工业出版社:97-102.

[844] 魏支援,王勇,龚晓南,郭盼盼,2021.富水砂加卵石双地层锚索现场试验及数值模拟[J].地下空间与工程学报,17(5):1507-1516.

[845] 吴慧明,赵子荣,林小飞,史建乾,龚晓南,2021.主动排水固结法气举降水

效应模型试验研究[J].岩土力学,42(8):2151-2159.

[846] 张延杰,龚晓南,2021.成都富水砂卵石地层土体颗粒级配特性与强度分析 [J].地基处理,3(5):368-375.

[847] 赵小晴,詹伟,严鑫,王金昌,杨仲轩,龚晓南,2021.水平荷载下沉井在砂土 中变位特性的试验与模拟研究[J].岩土工程学报,43(S2):80-83.

[848] 赵小晴,詹伟,严鑫,王金昌,杨仲轩,龚晓南,2021.悬索桥锚碇研究现状及 未来发展展望[J].岩土工程学报,43(S2):150-153.

[849] 周佳锦,张日红,黄苏杭,龚晓南,严天龙,2021.组合桩基础桩身预制桩-水 泥土接触面摩擦特性试验研究[C]//高文生.桩基工程技术进展.北京:中 国建筑工业出版社:57-61.

[850] 周佳锦,张日红,任建飞,龚晓南,严天龙,2021.密实砂土中静钻根植桩与 混凝土桩承载性能模型试验研究[C]//高文生.桩基工程技术进展.北京: 中国建筑工业出版社:138-142.

[851] Guo P P, Gong X N, Wang Y X, Lin H, Zhao Y L, 2021. Minimum cover depth estimation for underwater shield tunnels [J]. Tunnelling and Underground Space Technology, 115(5):104027.

[852] Wu D Z, Xu K P, Guo P P, Lei G, Cheng K, Gong X N, 2021. Ground deformation characteristics induced by mechanized shield twin tunnelling along curved alignment[J]. Advances in Civil Engineering, 17:6640072.

[853] Zhang X D, Wang J C, Chen Q J, Lin Z J, Gong X N, Yang Z X, Xu R Q, 2021. Analytical method for segmental tunnel linings reinforced by secondary lining considering interfacial slippage and detachment[J]. International Journal of Geomechanics, 21 (6): 4021084.

[854] Zhu C W, Wu W, Ying H W, Gong X N, Wang X, 2021. Analytical prediction of leakage-induced ground and tunnel response subject to tidal loading [J]. Canadian Geotechnical Journal, 60 (6): 834-848.

[855] Zhu C W, Ying H W, Gong X N, Wang X, Wu W, 2021. Analytical solution for wave-induced hydraulic response on subsea shield tunnel [J]. Ocean Engineering, 228:108924.

[856] 郭盼盼,龚晓南,魏支援,2022.锚固段穿越双地层拉力型锚索拉拔力学模 型及应用[J].中国公路学报,35(12):144-153.

[857] 王雪松,龚晓南,2022.自由约束条件下能源桩的离散元研究[J].低温建筑技术,44(7):155-159.

[858] 俞建霖,徐嘉诚,周佳锦,龚晓南,2022.混凝土芯水泥土复合桩混凝土-水泥土界面摩擦特性试验研究[J].土木工程学报,55(8):93-104,117.

[859] 俞建霖,杨晓萌,周佳锦,龚晓南,2022.砼芯水泥土桩复合地基工作性状研究[J].中南大学学报(自然科学版),53(7):2606-2618.

[860] 俞建霖,杨晓萌,周佳锦,龚晓南,刘伟,2022.桩-网复合地基支承路堤填土荷载传递规律[J].中南大学学报(自然科学版),53(6):2199-2210.

[861] 张延杰,胡长明,龚晓南,吴荣琴,2022.成都富水砂卵石地层EPB盾构出土量参数研究[J].地下空间与工程学报,18(6):2005-2015.

[862] Cheng K, Xu R Q, Ying H W, Lin C G, Gan X L, Gong X N, Zhu J F, Liu S J, 2023. Analytical method for predicting tunnel heave due to overlying excavation considering spatial effect[J]. Tunnelling and Underground Space Technology, 138: 105169.

[863] Deng S J, Chen H L, Gong X N, Zhou J J, Hu X D, Jiang G, 2022. A frost heaving prediction approach for ground uplift simulation due to freeze-sealing pipe roof method[J]. CMES-Computer Modeling in Engineering & Sciences, 132: 251-266.

[864] Gan X L, Yu J L, Gong X N, Zhu M, 2022. Probabilistic analysis for twin tunneling-induced longitudinal responses of existing shield tunnel [J]. Tunnelling and Underground Space Technology, 120: 104317.

[865] Gan X L, Yu J L, Gong X N, Hou Y M, Liu N W, Zhu M, 2022. Response of operating metro tunnels to compensation grouting of an underlying large-diameter shield tunnel: a case study in Hangzhou[J]. Underground Space, 7(2): 219-232.

[866] Gan X L, Yu J L, Gong X N, Liu N W, Zheng D Z, 2022. Behaviours of existing shield tunnels due to tunnelling underneath considering asymmetric ground settlements[J]. Underground Space, 7(5): 882-897.

[867] Guo P P, Lei G, Luo L N, Gong X N, Wang Y X, Li B J, Hu X J, Hu H B, 2022. Soil creep effect on time-dependent deformation of deep braced excavation[J]. Advances in Materials Science and Engineering (4): 1-14.

［868］Hu H B, Jin Q Q, Yang F, Zhou J J, Ma J, Gong X N, Guo J, 2022. A novel method for testing the effect of base post-grouting of super-long piles［J］. Applied Sciences,12(21)：10996.

［869］Hu H B, Luo L, Lei G, Guo J, He S H, Hu X J, Guo P P, Gong X N, 2022. The transverse bearing characteristics of the pile foundation in a calcareous sand area［J］. Materials,15(17)：6176.

［870］Hu H B, Yang F, Tang H B, Zeng Y J, Zhou J J, Gong X N, 2022. Field study on earth pressure of finite soil considering soil displacement［J］. Applied Sciences,12(16)：8059.

［871］Hu X J, Gong X N, Hu H B, Guo P P, Ma J J, 2022. Cracking behavior and acoustic emission characteristics of heterogeneous granite with double pre-existing filled flaws and a circular hole under uniaxial compression：insights from grain-based discrete element method modeling［J］. Bulletin of Engineering Geology and the Environment, 81(4)：162.

［872］Hu X J, Gong X N, Xie N, Zhu Q Z, Guo P P, Hu H B, Ma J J, 2022. Modeling crack propagation in heterogeneous granite using grain-based phase field method［J］. Theoretical and Applied Fracture Mechanics, 117：103203.

［873］Lei G, Wang G Q, Luo J J, Hua F C, Gong X N, 2022. Theoretical study of surrounding rock loose zone scope based on stress transfer and work-energy relationship theory［J］. Applied Sciences, 12(14)：7292.

［874］Zhu C W, Wu W, Ying H W, Gong X N, Guo P P, 2022. Drainage-induced ground response in a twin-tunnel system through analytical prediction over the seepage field［J］. Underground Space, 7(3)：408-418.

［875］刘清瑶,周佳锦,龚晓南,张日红,黄晟,2023.软土地基中预应力竹节桩承载性能数值模拟［J］.湖南大学学报(自然科学版),50(3):235-244.

［876］任建飞,周佳锦,龚晓南,俞建霖,2023.方桩-水泥土接触面摩擦特性试验研究［J］.浙江大学学报(工学版),57(7):1374-1381.

［877］王腾,周佳锦,龚晓南,俞建霖,2023.基于工业副产物的高含水率固化土力学特性试验研究［J］.地基处理,5(5):361-368.

［878］王旭,董梅,孔梦悦,邓云鹏,徐日庆,龚晓南,2023.基于扩散波近似方程的降雨边界处理的改进［J］.岩土力学,44(6):1761-1770.

［879］俞建霖,过锦,周佳锦,甘晓露,龚晓南,肖方奇,2023.考虑空间效应的均质地基内撑式基坑开挖对邻近桩基影响分析［J］.土木工程学报,56(8):140-152.

［880］张晓笛,王金昌,杨仲轩,龚晓南,徐荣桥,2023.基于状态空间法的阶梯型变截面水平受荷桩分析方法［J］.岩土工程学报,45(9):1944-1952.

［881］朱春柏,刘志贺,甘晓露,李洛宾,俞健霖,龚晓南,刘念武,2023.基于循环神经网络的盾构施工参数全局敏感性分析［J］.中国测试,49(5):158-163.

［882］朱剑锋,汪正清,陶燕丽,龚晓南,杨浩,郑琪琦,张永杰,2023.电石渣-草木灰复合固化剂固化废弃软土微观特性研究［J］.土木工程学报,56(10):180-189.

［883］Chen Z P, Wang J C, Xu R Q, Yang Z X, Gong X N. 2023. Dynamic analysis of segmental linings of shield tunnels using a state space method and its application in physical test interpretation［J］. Tunnelling and Underground Space Technology, 137: 105103.

［884］Deng S J, He Y, Gong X N, Zhou J J, Hu X D, 2023. A Hybrid regional model for predicting ground deformation induced by large-section tunnel excavation［J］. CMES-Computer Modeling in Engineering & Sciences, 134(1): 495-516.

［885］Guo P P, Gong X N, Wang Y X, Lin H, Zhao Y L, 2023. Analysis of observed performance of a deep excavation straddled by shallowly buried pressurized pipelines and underneath traversed by planned tunnels［J］. Tunnelling and Underground Space Technology,132: 104946.

［886］Hu X J, Gong X N, Ma J J, Guo P P,Chu H B, 2023. Numerical study on full-field stress evolution and acoustic emission characteristics of rocks containing three parallel pre-existing flaws under uniaxial compression［J］. European Journal of Environmental and Civil Engineering, 27(1): 51-71.

［887］Hu X J, Hu H S, Xie N, Huang Y J, Guo P P, Gong X N, 2023. The effect of grain size heterogeneity on mechanical and microcracking behavior of pre-heated Lac du Bonnet granite using a grain-based model［J］. Rock Mechanics and Rock Engineering, 56(8):5923-5954.

［888］Hu X J, Qi Y, Hu H S, Lei G, Xie N, Gong X N, 2023. A micromechanical-based failure criterion for rocks after high-temperature treatment［J］. Engineering

Fracture Mechanics,284: 109275.

[889] Hu X J, Shentu J J, Xie N, Huang Y, Lei G, Hua H B, Guo P P,Gong X N, 2023. Predicting triaxial compressive strength of high-temperature treated rock using machine learning techniques [J]. Journal of Rock Mechanics and Geotechnical Engineering, 15(8): 2072-2082.

[890] Liu F, Guo P P, Hu X J, Li B J, Hu H B, Gong X N,2023. A DEM study on bearing behavior of floating geosynthetic-encased stone column in deep soft clays[J]. Applied Sciences,13(11): 6838.

[891] Yu J J, Zhou J J, Gong X N, Zhang R H, 2023. The frictional capacity of smooth concrete pipe pile-cemented soil interface for pre-bored grouted planted pile[J]. Acta Geotechnica, 18(8):4207-4218.

[892] Yu J J, Zhou J J, Zhang R H, Gong X N, 2023. Installation effects and behavior of driven pre-stressed high-strength concrete nodular pile in saturated deep soft clay[J]. ASCE's International Journal of Geomechanics, 23(3): 05022007.

[893] Zhang X D, Yang Z X, Xu R Q, Wang J C, Gong X N, Li B J, Zhu B T, 2023. Timoshenko beam theory-based analytical solution of laterally loaded large-diameter monopiles[J]. Computers and Geotechnics, 161: 105554.

[894] Zhao X Q, Gong X N, Guo P P, 2022. Caisson-bored pile composite anchorage foundation for long-span suspension bridge: feasibility study and parametric analysis[J]. Journal of Bridge Engineering, 27(12): 04022117.

[895] Zhao X Q, Wang J C, Guo P P, Gong X N, Duan Y L, 2023. Displacement and force analyses of piles in the pile-caisson composite structure under eccentric inclined loading considering different stratum features[J]. Frontiers of Structural and Civil Engineering, 17: 1517-1534.

[896] Zhao X Q, Gong X N, Duan Y L, Guo P P, 2023. Load-bearing performance of caisson-bored pile composite anchorage foundation for long-span suspension bridge: 1-g model tests[J]. Acta Geotechnica,18:3743-3763.

[897] Zhou J J, Ren J F, Ma J J, Yu J L, Zhang R H, Gong X N,2023. Laboratory tests on the frictional capacity of core pile-cemented soil interface [J]. Proceedings of the Institution of Civil Engineers-Geotechnical Engineering:1-10.

［898］陈卓杰,周佳锦,陈伟乐,刘健,龚晓南,2024.深中通道沉管隧道深层水泥搅拌桩复合地基沉降计算分析［J］.浙江大学学报（工学版）,58（7）:1397-1406.

［899］甘晓露,李文博,龚晓南,刘念武,俞建霖,2024.考虑结构刚度变化的盾构隧道纵向变形计算方法［J/OL］.工程力学.https://link.cnki.net/urlid/11.2595.O3.20240506.1341.011.

［900］万灵,黄强,龚晓南,荣耀,周扬,2024.运营地铁隧道在线动力监测及时频特征分析［J］.振动.测试与诊断,44（2）:372-379,414-415.

［901］张申,杨智,桂焱平,张文君,龚晓南,吴勇,单治钢,2024.地铁深基坑围护结构渗漏病害规律分析［J］.科技通报,40（4）:59-70.

［902］周思剑,张迪,周建,李瑛,龚晓南,2024.基于 TJS 工法的盾构隧道运营变形控制［J］.浙江大学学报（工学版）,58（7）:1427-1435.

［903］张晓笛,段冰,吴健,王金昌,杨仲轩,龚晓南,徐荣桥,2024.混凝土芯水泥土复合桩竖向承载特性分析方法［J］.岩土力学,45（1）:173-183.

［904］周佳锦,马俊杰,俞建霖,龚晓南,张日红,2024.静钻根植桩施工环境效应现场试验研究［J］.土木工程学报,57（3）:93-101.

［905］周佳锦,马俊杰,俞建霖,龚晓南,张日红,2024.静钻根植桩竖向承载性能现场试验研究［J］.岩土工程学报,46（3）:640-647.

［906］Chen Z P, Zang Y W, Yang Z X, Xu R Q, Gong X N, Yan J J, Wang J C, 2024. Analytical solution for longitudinal dynamic response of shield tunnel linings using the state-space method［J］. Computers and Geotechnics, 169: 106104.

［907］Fu L Y, Zhou J, Gong X N, Guo P P, 2024. Describing inherently anisotropic behaviours of natural clay by a hypoplastic model［J/OL］. Geological Journal. http://doi. org 10. 1002/gj. 4929.

［908］Gan X L, Liu N W, Adam B, Gong X N, 2024. Random responses of shield tunnel to new tunnel undercrossing considering spatial variability of soil elastic modulus［J］. Applied Sciences, 14（9）: 3949.

［909］Hu X J, Liao D, Hu H B, Xie S L, Xie N, Gong X N, 2024. The influence of mechanical heterogeneity of grain boundary on mechanical and microcracking behavior of granite under mode I loading using a grain-based model［J］. Rock

Mechanics and Rock Engineering, 57(5):3139-3169.

[910] Tao Y L, Zhu J F, Zhou J, Gong X N, Yu Z Y, Li K Q, 2024. Experimental study on electro-osmotic conductivity of Hangzhou sludge [J/OL]. Acta Geotechnica. http://doi. org/10. 1007/s11440-024-02228-9.

[911] Yu J L, Chen J P, Zhou J J, Xu J C, Gong X N, 2024. Analytical modeling for the behavior of concrete-cored cement mixing (CCM) pile composite foundation under embankment[J]. Computers and Geotechnics, 167:106084.

[912] Zhao X Q, Gong X N, Guo P P, Duan Y L, 2024. Experimental and numerical studies on the displacement and load-transfer mechanism of pile-caisson composite structure [J]. Mechanics of Advanced Materials and Structures: 1-15.

[913] Zhou J J, Yu J L, Gong X N, Zhang R H, 2024. Field study on installation effects of pre-bored grouted planted pile in deep clayey soil[J]. Canadian Geotechnical Journal, 61(4):748-762.

[914] Zhou J J, Zhou S L, Yu J L, Ma J J, Zhang R H, Gong X N, Ren F F, 2024. Experimental study on the frictional capacity of square pile-cemented soil interface with different surface roughness[J/OL]. Acta Geotechnica. http://doi. org/10. 1007/s11440-024-02283-2.

附录7 部分学术报告目录

1985　数值计算方法在土力学中的应用

1989　岩土工程中反分析法的应用

1989　土塑性力学的发展

1990　反分析法确定基坑开挖问题的有关参数

1991　地基处理(综合报告)

1992　复合地基理论概论

1993　深层搅拌法在我国的发展

1994　复合地基的理论与实践

1995　工程材料本构理论若干问题

1995　复合地基若干问题

1996　复合地基理论框架及复合地基技术在我国的发展

1996　基坑围护体系选用原则及设计程序

1997　地基处理技术和复合地基理论在我国的发展

1998　基坑工程特点和维护体系选用原则

1998　基坑工程若干问题

1998　高速公路软土地基处理技术

1999　复合地基发展概况及其在高层建筑中应用

2000　软土地区建筑地基工程事故原因分析及对策

2001　真空排水预压加固软土地基的研究现状及展望

2002　地基处理技术发展展望

2003　刚性桩复合地基若干问题

2004　围涂工程地基处理技术

2005　广义复合地基理论若干问题

2005　基坑工程发展中应重视的几个问题

2006　土力学学科特点及对教学的影响

2007　杭州"1115"基坑工程事故原因分析及应反思的几个问题

2008　介绍我省两个技术规程:《大直径现浇混凝土薄壁筒桩技术规程》和《复合地基技术规程》

2017　金华博士联谊会九峰讲党第一讲：我的求学历程及几点思考

2017　道路工程中复合地基关键技术及其应用

2017　复合地基理论、关键技术及工程应用

2017　城市地下空间开发利用若干问题

2017　几项土工技术新的进展

2017　对桩基工程发展的一点思考

2017　岩土工程几项新技术

2018　复合地基发展回顾与发展展望

2018　基坑工程回顾与展望

2018　土力学的定位、土工分析方法及几项土工技术新的进展

2018　对土木工程和岩土工程教育的几点思考

2018　岩土工程变形控制设计理论与实践

2018　"人土木"教育理念下教科工融合培养岩土工程卓越人才的探索与实践

2019　浅谈复合地基和复合桩基技术

2019　岩土工程按变形控制设计理论发展与应用

2019　岩土工程分析误差来源与思考

2019　复合地基理论和技术应用体系形成和发展

2019　海底盾构隧道岩土工程设计理论和对策

2019　学习土力学的几点思考

2019　地基处理新技术 IMS 工法

2020　关于地下结构抗浮设计有关问题的思考

2020　基坑工程应重视的几个问题

2020　浅谈岩土工程施工技术

2021　岩土工程计算与分析的几点思考

2021　地基处理应重视的几个问题

2021　软土地基地铁建设中若干岩土工程问题

2021　岩土工程技术发展的思考

2021　关于地下工程施工环境影响的思考

2022　城市建设中岩土工程若干问题

2022　软弱地基深大基坑支护关键技术及工程应用

2022　关于岩土工程师思维的思考